● 中等职业教育"十二五"规划教材

中职中专机电类教材系列

数控铣床编程与实训

黄金龙　主　编

蒋悦情　副主编

科学出版社

北　京

内 容 简 介

本书主要介绍了数控铣床工作原理和结构、数控铣床编程和数控加工工艺的基础知识，以及生产实际中常用的数控铣床的操作使用方法等内容，在内容安排上先理论后实训，突出技术技能和可操作性。

本书可作为中等职业教育数控技术应用、机电一体化、机械制造及自动化和模具制造等相关专业的教学用书，也可作为这些专业的学习者参加数控加工国家职业技能鉴定考核培训的参考教材和数控车床技术工人的培训教材。

图书在版编目(CIP)数据

数控铣床编程与实训/黄金龙主编. —北京:科学出版社,2009
中等职业教育"十二五"规划教材·中职中专机电类教材系列
ISBN 978-7-03-023802-3

Ⅰ. 数…　Ⅱ. 黄…　Ⅲ. 数控机床:铣床-程序设计-专业学校-教材
Ⅳ. TG547

中国版本图书馆 CIP 数据核字(2008)第 207038 号

责任编辑:陈砺川 / 责任校对:耿 耘
责任印制:吕春珉 / 封面设计:耕者设计工作室

科 学 出 版 社 出版
北京东黄城根北街 16 号
邮政编码:100717
http://www.sciencep.com

北京虎彩文化传播有限公司 印刷
科学出版社发行　各地新华书店经销
*
2009 年 1 月第 一 版　　开本:787×1092　1/16
2019 年 1 月第四次印刷　　印张:9 1/2
字数:221 000
定价:26.00
(如有印装质量问题,我社负责调换〈虎彩〉)
销售部电话 010-62134988　编辑部电话 010-62132124(VT03)

前　言

　　数控加工是机械制造业中的先进加工技术,在生产中,数控机床的使用越来越广泛。我国的机械制造行业正急需大批熟悉数控机床的编程、操作、故障诊断和维护等技术的应用型人才。

　　本教材从培养职业技术型人才的目的出发,简述了数控铣床的工作原理和结构,简单介绍了数控铣床编程和数控加工工艺的基础知识,以及数控铣床的编程方法,详细地介绍了生产实际中常用的数控铣床的操作方法,涉及的数控系统主要有日本的FANUC-0iMATEC系统。

　　我们编写本教材的指导思想是:读者通过学习本教材,能迅速掌握数控铣床的相关技术知识和操作技能,能编制中等难度的数控加工程序,能进行数控机床的一般维护和故障诊断。

　　本教材的特点是:

　　1. 适合职业高中学生的学习及心理特点,力求做到以人为本,尽量做到深入浅出、生动活泼、有较强的亲和力。

　　2. 适当降低理论难度,突出技术技能和实际的可操作性。

　　3. 尽量贴近生产实际,提高学生的学习兴趣。

　　4. 适度注意内容的延续性及综合性。

　　我们希望通过学习本教材后,学生能够适应现代企业生产实际的需要,通过较短时间的生产实习后即能独立操作,以满足企业对数控一线人才的需要。

　　本教材的第1至3章由浙江长兴职教中心黄金龙、夏永波两位老师编写;第4章由浙江安吉职教中心潘明全、朱求胜两位老师编写;第5、6章分别由浙江长兴职教中心的蒋悦情、李忠宝两位老师编写。全书由蒋悦情老师统稿。

　　由于编写时间仓促,教材中难免会有疏漏之处,希望读者批评指正。

目　录

第二篇　实训篇

第一篇

理 论 篇

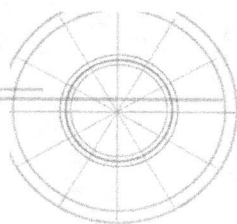

第1章
数控铣床加工基本知识

1.1 数控铣床结构基本知识

数控铣床是在一般铣床的基础上发展起来的，两者的加工工艺基本相同，结构也有些相似，但数控铣床是靠程序控制的自动加工机床，所以其结构也与普通铣床有很大区别。

1. 数控铣床的主要组成部分

数控铣床主要由数控系统、主传动系统、进给伺服系统和冷却润滑系统等几大部分组成。图1.1所示为立式数控铣床。

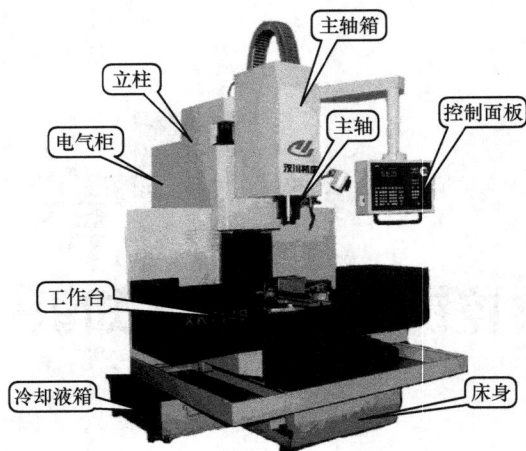

图 1.1 立式数控铣床

1）主轴箱，它包括主轴箱体和主轴传动系统，用于装夹刀具和带动刀具旋转，主轴转速范围和输出扭矩对加工有直接影响。

2）进给伺服系统，它由进给点击和进给执行机构组成，按照程序设定的进给速度实现刀具和工件之间的相对运动，包括直线进给运动和旋转运动。

3）控制系统，它是数控铣床运动控制的中心，执行数控加工程序控制机床进行加工。

4）辅助装置，它包括如液压、气动、润滑、冷却系统和排屑、防护等装置。

5）机床基础件，通常是指底座、立柱、横梁等，它是整个机床的基础和框架。

2. 数控铣床的结构特点

看起来除了数控控制代替了操纵手柄、手轮外，数控铣床在外观上与普通铣床确实有不少相似之处，但实际上数控铣床在结构上比普通铣床要复杂得多，与其他数控机床相比，数控铣床在结构上主要有以下两方面的特点。

（1）控制机床运动的坐标特征

为了把工件上连续复杂的轮廓形状加工出来必须控制刀具沿设定的直线、圆弧或空间的直线、圆弧轨迹运动。这就要求数控铣床的伺服拖动系统能在多坐标方向同时协调动作，并保持预定的相互关系，也就是要求机床应能实现多坐标联动。数控铣床要控制的坐标数起码是三坐标中任意两坐标联动，要实现连续加工直线变斜角工件，起码要实现四坐标联动，而若要加工曲线变斜角工件，则要求实现五坐标联动。因此，数控铣床所配置的数控系统在档次上一般都比其他数控机床相应更高一些。

（2）数控铣床的主轴特征

现代数控铣床的主轴开启与停止、主轴正反转与主轴变速等都可以按程序介质上编入的程序自动执行。不同的机床其变速功能与范围也不同。有的采用变频机组（目前已很少采用），固定几种转速，可任选一种编入程序，但不能在运转时改变；有的采用变频器调速，将转速分为几档，编程时可任选一档，在运转中可通过控制面板上的旋钮在本档范围内自由调节；有的则不分档，编程可在整个调速范围内任选一值，在主轴运转中可以在全速范围内进行无级调整，但从安全角度考虑，每次只能调高或调低在允许的范围内，不能有大起大落的突变。在数控铣床的主轴套筒内一般都设有自动拉、退刀装置，能在数秒钟内完成装刀与卸刀，使换刀显得较方便。此外，多坐标数控铣床的主轴可以绕 X、Y 或 Z 轴作数控摆动，也有的数控铣床带有万能主轴头，扩大了主轴自身的运动范围，但主轴结构更加复杂。

1.2 我国数控铣床的现状和发展趋势

1. 我国数控铣床现状

我国在 20 世纪 80 年代初期通过引进、消化、吸收国外先进技术，又在国家"七五"、"八五"、"九五"期间对伺服驱动技术进行重大科技项目攻关取得了很大成果。但由于产品可靠性等方面的原因，制约着我国数控机床的配套及应用，从而影响我国装备制造业的发展。一些机床厂家也不得不选用国外的伺服系统，使得国产数控机床在价格、交货期、可靠性等方面均不占优势，更无心力开发市场需求的新品种，从而失去巨大的市场份额。从公开的统计资料来看，CNC 系统中 75％以上的故障出自伺服部分。

然而，近年来在国家不断组织科技攻关的同时，一些民营高科技公司也为发展我国伺服驱动技术注入了新的活力。例如北京中宝伦自动化技术有限公司在国家没有投入一分钱的情况下，以市场为导向，不断开发新产品，1994 年开发成功 PDC 系列直流伺服系统，扭矩从 1N·m 至 44.1N·m 共有七个规格的宽调速直流伺服电机，采用国际上最新一代的功率器件——IPM、PWM 控制，调制频率达到 15kHz，有效地克服了以往 SCR 控制时电流断续所产生的换向火花对于换向器的烧蚀，可使碳刷寿命延长了 1 倍以上。1997 年底该公司又开发成功 PAC 系列交流伺服系统，与兰州电机厂引进德国 Siemens 公司 1FT5 系列的 94 个规格的无刷交流伺服电机相配套。其转速系列有 1200r/min、2000r/min、3000r/min、4000r/min、4500r/min、6000r/min，扭矩范围为 0.15～90N·m；2000 年 11 月又根据市场需求，开发出 PAC-P 系列数字化位置型交流伺服系统。这些产品推向市场后，取得了很好的社会效益及经济效益，得到北京第一机床厂、清华大学精密仪器厂、青海第一机床厂等厂家认可，与 XA5750 滑枕铣床、XA718 立式铣床、XA2412/2410 龙门铣床和 XKA5032 数控立式铣床、数控异型螺杆铣床、XKA8132/8140 数控铣床等配套。除此之外，也应用于复合材料成型机械、汽车子午胎一段、二段成型及裁断机械、卫星风洞群控制、电子元件材料切割、编带等领域。目前，近 200 台应用于国内各大汽车子午胎生产线，每日 24 小时连续运行。除在国内应用外，从 1997 年开始，该公司部分产品由北京第一机床厂配套出口到德国、加拿大、澳大利亚等国家。从 1994 年至今售出将近 1000 台套交/直流伺服系统，几年来无一台返修，根据该公司记录数字来看，只有 8 台均由于用户接线错误而导致保险电阻、电源回路及接口元器件烧坏。使用中宝伦产品的用户改变了对于国产伺服系统可靠性不好的看法。华中数控系统有限公司、珠峰数控公司、航天数控公司、中国科学院电工研究所等单位通过实施国家科技项目攻关，已能够向各机床制造厂配套自身数控系统所需要的伺服系统，还应用于一些老设备技术改造。洛阳轴承研究所自主研发高速电主轴，已应用于轴承磨床、印刷电路板铣、钻等方面。

2. 我国数控铣床发展趋势

数控技术的应用不但给传统制造业带来了革命性的变化，使制造业成为工业化的象征，而且随着数控技术的不断发展和应用领域的扩大，它对国计民生的一些重要行业（IT、汽车、轻工、医疗等）的发展起着越来越重要的作用，因为这些行业所需装备的数字化已是现代发展的大趋势。当前数控铣床呈现以下发展趋势。

（1）高速、高精密化

高速、精密是机床发展永恒的目标。随着科学技术突飞猛进的发展，机电产品更新换代速度加快，对零件加工的精度和表面质量的要求也愈来愈高。为满足这个复杂多变市场的需求，当前机床正向高速切削、干切削和准干切削方向发展，加工精度也在不断地提高。另一方面，电主轴和直线电机的成功应用，陶瓷滚珠轴承、高精度大导程空心内冷和滚珠螺母强冷的低温高速滚珠丝杠副及带滚珠保持器的直线导轨副等机床功能部件的面市，也为机床向高速、精密发展创造了条件。

（2）高可靠性

数控机床的可靠性是数控机床产品质量的一项关键性指标。数控机床能否发挥其高性能、高精度和高效率，并获得良好的效益，关键取决于其可靠性的高低。

（3）数控车床设计 CAD 化、结构设计模块化

随着计算机应用的普及及软件技术的发展，CAD 技术得到了广泛发展。CAD 不仅可以替代人工完成繁琐的绘图工作，更重要的是可以进行设计方案选择和大件整机的静、动态特性分析，计算，预测及优化设计，可以对整机各工作部件进行动态模拟仿真。在模块化的基础上在设计阶段就可以看出产品的三维几何模型和逼真的色彩。采用 CAD，还可以大大提高工作效率，提高设计的一次成功率，从而缩短试制周期，降低设计成本，提高市场竞争能力。通过对机床部件进行模块化设计，不仅能减少重复性劳动，而且可以快速响应市场，缩短产品开发设计周期。

（4）功能复合化

功能复合化的目的是进一步提高机床的生产效率，使用于非加工辅助时间减至最少。通过功能的复合化，可以扩大机床的使用范围、提高效率，实现一机多用、一机多能，即一台数控车床既可以实现车削功能，也可以实现铣削加工，或在以铣为主的机床上也可以实现磨削加工。宝鸡机床厂已经研制成功的 CX25Y 数控车铣复合中心，该机床同时具有 X、Z 轴以及 C 轴和 Y 轴。通过 C 轴和 Y 轴，可以实现平面铣削和偏孔、槽的加工。该机床还配置有强动力刀架和副主轴。副主轴采用内藏式电主轴结构，通过数控系统可直接实现主、副主轴转速同步。该机床工件一次装夹即可完成全部加工，极大地提高了效率。

（5）智能化、柔性化和集成化

21 世纪的数控装备将是具有一定智能化的系统。智能化的内容包括在数控系统中

的各个方面：为追求加工效率和加工质量方面的智能化，如加工过程的自适应控制，工艺参数自动生成；为提高驱动性能及使用连接方面的智能化，如前馈控制、电机参数的自适应运算、自动识别负载自动选定模型、自整定等；简化编程、简化操作方面的智能化，如智能化的自动编程、智能化的人机界面等；还有智能诊断、智能监控等方面的内容，以方便系统的诊断及维修等。

数控机床向柔性自动化系统发展的趋势是：从点（数控单机、加工中心和数控复合加工机床）、线（FMC、FMS、FTL、FML）向面（工段车间独立制造岛、FA）、体（CIMS、分布式网络集成制造系统）的方向发展；另一方面向注重应用性和经济性方向发展。柔性自动化技术是制造业适应动态市场需求及产品迅速更新的主要手段，是各国制造业发展的主流趋势，是先进制造领域的基础技术。其重点是以提高系统的可靠性、实用化为前提，以易于联网和集成为目标，注重加强单元技术的开拓和完善。CNC 单机向高精度、高速度和高柔性方向发展。数控机床及其构成柔性制造系统能方便地与 CAD、CAM、CAPP 及 MTS 等联结，向信息集成方向发展。网络系统向开放、集成和智能化方向发展。

1.3　数控铣床的分类和加工特点

1. 数控铣床的分类

（1）按构造分类

1）工作台升降式数控铣床。这类数控铣床采用工作台移动、升降，而主轴不动的方式。小型数控铣床一般采用此种方式。

2）主轴头升降式数控铣床。这类数控铣床采用工作台纵向和横向移动，且主轴沿垂向滑板上下运动；主轴头升降式数控铣床在精度保持、承载重量、系统构成等方面具有很多优点，已成为数控铣床的主流。

3）龙门式数控铣床（图 1.2）。这类数控铣床主轴可以在龙门架的横向与垂向溜板上运动，而龙门架则沿床身作纵向运动。大型数控铣床，因要考虑到扩大行程，缩小占地面积及刚性等技术上的问题，往往采用龙门架移动式。

（2）按通用铣床的分类方法分类

1）数控立式铣床（图 1.3）。数控立式铣床在数量上一直占据数控铣床的大多数，应用范围也最广。从机床数控系统控制的坐标数量来看，目前 3 坐标数控立铣仍占大多数；一般可进行 3 坐标联动加工，但也有部分机床只能进行 3 个坐标中的任意两个坐标联动加工（常称为 2.5 坐标加工）。此外，还有机床主轴可以绕 X、Y、Z 坐标轴中的其中一个或两个轴作数控摆角运动的 4 坐标和 5 坐标数控立铣。

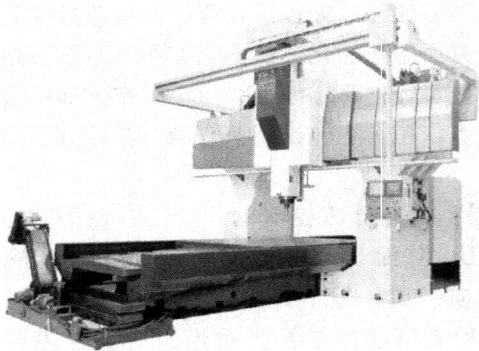

图 1.2 龙门式数控铣床

图 1.3 立式数控铣床

2）卧式数控铣床（图 1.4）。与通用卧式铣床相同，其主轴轴线平行于水平面。为了扩大加工范围和扩充功能，卧式数控铣床通常采用增加数控转盘或万能数控转盘来实现 4、5 坐标加工。这样，不但工件侧面上的连续回转轮廓可以加工出来，而且可以实现在一次安装中，通过转盘改变工位，进行"四面加工"。

3）立卧两用数控铣床（图 1.5）。目前，这类数控铣床已不多见，由于这类铣床的主轴方向可以更换，能达到在一台机床上既可以进行立式加工，又可以进行卧式加工，而同时具备上述两类机床的功能,其使用范围更广，功能更全，选择加工对象的余地更大，且给用户带来不少方便。

图 1.4 卧式数控铣床

图 1.5 立卧两用数控铣床

2. 数控铣床的加工特点

数控铣削加工除了具有普通铣床加工的特点外，还有如下特点：

1）零件加工的适应性强、灵活性好，能加工轮廓形状特别复杂或难以控制尺寸的零件，如模具类零件、壳体类零件等。

2）能加工普通机床无法加工或很难加工的零件，如用数学模型描述的复杂曲线零件以及三维空间曲面类零件。

3）能加工一次装夹定位后，需进行多道工序加工的零件。

4）加工精度高、加工质量稳定可靠。

5）生产自动化程序高，可以减轻操作者的劳动强度，有利于生产管理自动化。

6）生产效率高。

7）从切削原理上讲，无论是端铣或是周铣都属于断续切削方式，而不像车削那样连续切削，因此对刀具的要求较高，具有良好的抗冲击性、韧性和耐磨性。在干式切削状况下，还要求有良好的红硬性。

1.4　数控铣床的常用刀具的简介

1　数控铣床常用刀具类型

数控加工刀具必须适应数控机床高速、高效和自动化程度高的特点，一般应包括通用刀具、通用连接刀柄及少量专用刀柄。刀柄要连接刀具并装在机床动力头上，因此已逐渐标准化和系列化。

（1）根据刀具结构分

1）整体式（图 1.6）。

2）镶嵌式（图 1.7）。

3）特殊型式（图 1.8）。

（2）根据制造刀具所用的材料分

1）高速钢刀具。

2）硬质合金刀具。

3）金刚石刀具。

4）其他材料刀具，如立方氮化硼刀具、陶瓷刀具等。

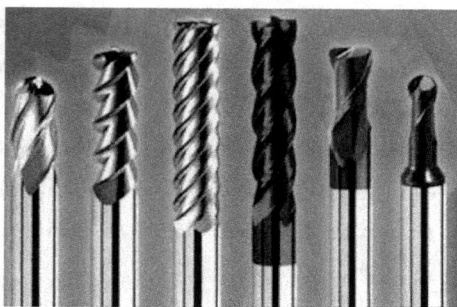

图 1.6　整体式刀具

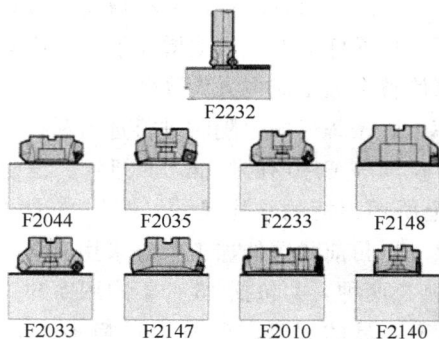

图 1.7　镶嵌式刀具

图 1.8　特殊型式刀具

2. 数控铣床刀具特点

数控铣床刀具主要有以下特点：

1）刚性好（尤其是粗加工刀具）、精度高、抗震及热变形小。

2）互换性好，便于快速换刀。

3）寿命高，切削性能稳定、可靠。

4）具的尺寸便于调整，以减少换刀调整时间。

5）刀具应能可靠地断屑或卷屑，以利于切屑的排除。

6）刀具要求标准化、系列化，以利于编程和刀具管理。

3. 数控铣床刀具的选择原则

刀具的选择是在数控编程的人机交互状态下进行的，应根据机床的加工能力、工件材料的性能、加工工序、切削用量以及其他相关因素正确选用刀具及刀柄。刀具选择总的原则是：安装调整方便、刚性好、耐用度和精度高。在满足加工要求的前提下，尽量选择较短的刀柄，以提高刀具加工的刚性。

选取刀具时，要使刀具的尺寸与被加工工件的表面尺寸相适应。生产中，平面零件周边轮廓的加工，常采用立铣刀；铣削平面时，应选硬质合金刀片铣刀；加工凸台、凹槽时，选高速钢立铣刀；加工毛坯表面或粗加工孔时，可选取镶硬质合金刀片的玉米铣刀；对一些立体型面和变斜角轮廓外形的加工，常采用球头铣刀、环形铣刀、锥形铣刀和盘形铣刀。

在进行自由曲面（模具）加工时，由于球头刀具的端部切削速度为零，因此，为保证加工精度，切削行距一般采用顶端密距，故球头常用于曲面的精加工。而平头刀具在表面加工质量和切削效率方面都优于球头刀，因此，只要在保证不过切的前提下，无论是曲面的粗加工还是精加工，都应优先选择平头刀。另外，刀具的耐用度和精度与刀具价格关系极大，必须引起注意的是，在大多数情况下，选择好的刀具虽然增加了刀具成本，但由此带来的加工质量和加工效率的提高，则可以使整个加工成本大大降低。

在加工中心上，各种刀具分别装在刀库上，按程序规定随时进行选刀和换刀动作。因此必须采用标准刀柄，以便使钻、镗、扩、铣削等工序用的标准刀具迅速、准确地装到机床主轴或刀库上去。编程人员应了解机床上所用刀柄的结构尺寸、调整方法以及调整范围，以便在编程时确定刀具的径向和轴向尺寸。目前我国的加工中心采用 TSG 工具系统，其刀柄有直柄（3 种规格）和锥柄（4 种规格）两种，共包括 16 种不同用途的刀柄。

在经济型数控机床的加工过程中，由于刀具的刃磨、测量和更换多为人工手动进行，占用辅助时间较长，因此，必须合理安排刀具的排列顺序。一般应遵循以下原则：①尽量减少刀具数量；②一把刀具装夹后，应完成其所能进行的所有加工步骤；③粗精加工的刀具应分开使用，即使是相同尺寸规格的刀具；④先铣后钻；⑤先进行曲面精加工，后进行二维轮廓精加工；⑥在可能的情况下，应尽可能利用数控机床的自动换刀功能，以提高生产效率等。

4. 数控铣床刀具的切削用量选择原则

合理选择切削用量的原则是：粗加工时，一般以提高生产率为主，但也应考虑经济性和加工成本；半精加工和精加工时，应在保证加工质量的前提下，兼顾切削效率、经济性和加工成本。具体数值应根据机床说明书、切削用量手册，并结合经验而定。具体要考虑以下几个因素：

1）切削深度 a_p。在机床、工件和刀具刚度允许的情况下，a_p 就等于加工余量，这是提高生产率的一个有效措施。为了保证零件的加工精度和表面粗糙度，一般应留一定的余量进行精加工。数控机床的精加工余量可略小于普通机床。

2）切削宽度 L。一般 L 与刀具直径 d 成正比，与切削深度成反比。经济型数控机床的加工过程中，一般 L 的取值范围为：$L=(0.6\sim0.9)\,d$。

3）切削速度 V。提高 V 也是提高生产率的一个措施，但 V 与刀具耐用度的关系比较密切。随着 V 的增大，刀具耐用度急剧下降，故 V 的选择主要取决于刀具耐用度。另外，切削速度与加工材料也有很大关系，例如用立铣刀铣削合金钢 30CrNi2MoVA 时，V 可采用 8m/min 左右；而用同样的立铣刀铣削铝合金时，V 可选 200m/min 以上。

4）主轴转速 n（r/min）。主轴转速一般根据切削速度 V 来选定。计算公式为：$V=\pi\cdot n\cdot d/1000$。数控机床的控制面板上一般备有主轴转速修调（倍率）开关，可在加工过程中对主轴转速进行整倍数调整。

5）进给速度 V_f。V_f 应根据零件的加工精度和表面粗糙度要求以及刀具和工件材料来选择。V_f 的增加也可以提高生产效率。加工表面粗糙度要求低时，V_f 可选择得大些。在加工过程中，V_f 也可通过机床控制面板上的修调开关进行人工调整，但是最大进给速度要受到设备刚度和进给系统性能等的限制。

随着数控机床在生产实际中的广泛应用，量化生产线的形成，数控编程已经成为数控加工中的关键问题之一。在数控程序的编制过程中，要在人机交互状态下即时选择刀具和确定切削用量。因此，编程人员必须熟悉刀具的选择方法和切削用量的确定原则，从而保证零件的加工质量和加工效率，充分发挥数控机床的优点，提高企业的经济效益和生产水平。

1.5 数控铣床的常用夹具的简介

1. 数控铣床常用夹具类型

数控铣削加工常用的夹具大致有下列几种：

（1）万能组合夹具

如图1.9所示为万能组合夹具，它适用于小批量生产或研制时的中、小型工件在数控铣床上进行铣加工。

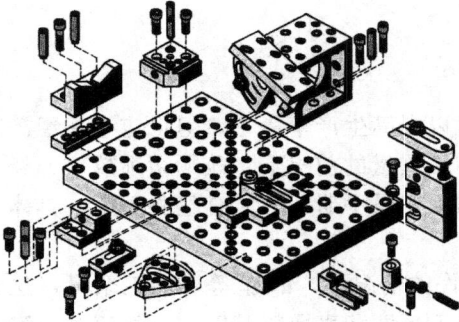

图1.9　万能组合夹具

（2）专用铣切夹具

专用铣切夹具是特别为某一项或类似的几项工件设计制造的夹具，一般在批量生产或研制时非要不可时采用。

（3）多工位夹具

多工位夹具可以同时装夹多个工件，可减少换刀次数，也便于一面加工，一面装卸工件，有利于缩短准备时间，提高生产率，较适宜于中批量生产。

（4）气动或液压夹具

气动或液压夹具适用于生产批量较大，采用其他夹具又特别费工、费力的工件，能减轻工劳动强度和提高生产率，但此类夹具结构较复杂，造价往往较高，而且制造周期较长。

（5）真空夹具

真空夹具适用于有较大定位平面或具有较大可密封面积的工件。有的数控铣床（如壁板铣床）自身带有通用真空平台，在安装工件时，对形状规则的矩形毛坯，可直接用特制的橡胶条（有一定尺寸要求的空心或实心圆形截面）嵌入夹具的密封槽内，再将毛坯放上，开动真空泵，就可以将毛坯夹紧。对形状不规则的毛坯，用橡胶条已不太适应，需在其周围抹上腻子（常用橡皮泥）密封，这样做不但很麻烦，而且占机时间长，效率低。为了克服这种困难，可以采用特制的过渡真空平台，将其叠加在通用真空平台上使用。

除上述几种夹具外，数控铣削加工中也经常采用虎钳、分度头和三爪夹盘等通用夹具。

2. 数控铣床夹具的选择原则

在选用夹具时，通常需要考虑产品的生产批量，生产效率，质量保证及经济性等，选用时可参照下列原则：

1）在生产量小或研制时，应广泛采用万能组合夹具，只有在组合夹具无法解决工件装夹时才可放弃。

2）小批或成批生产时可考虑采用专用夹具，但应尽量简单。

3）在生产批量较大时可考虑采用多工位夹具和气动；液压夹具。

● **思考与练习**

1.1　数控铣床的主要组成部分是什么？

1 2　数控铣床相对其他数控机床的结构特点是什么？

1 3　简述我国数控铣床的发展状况。

1 4　数控铣床的今后发展趋势是什么？

1 5　按照构造分类，数控铣床分为哪几类？

1 6　按照通用机床的分类方法分，数控铣床分为哪几类？

1 7　数控铣床的加工特点是什么？

1 8　数控铣床刀具可以按照哪几种类型分类，每一类包括哪几种？

1 9　数控铣床刀具特点是什么？

1 10　数控铣床夹具可以分为哪几类？

1 11　数控铣床夹具的选择原则是什么？

第 2 章

数控铣床编程的常用指令

教学目标

1. 掌握数控机床坐标系的确定原则
2. 掌握数控铣床的两种坐标系
3. 掌握正确判断机床各坐标的正负方向
4. 掌握数控铣床常用的编程指令的含义和运用特点
5. 正确的使用这些指令
6. 学会简单工件的加工特点
7. 熟练掌握机床操作面板

技能要求

1. 熟练机床坐标系的运用、数控铣床的两种坐标系正确使用、机床各坐标的正负方向的判断、快速运用数控铣床常用的编程指令编写程序
2. 学会简单工件的编程思路和加工特点
3. 熟练操作机床操作面板

2.1　数控铣床坐标系简介

1　数控机床坐标系的确定原则

数控机床坐标系一般有三个轴，即 Z 轴、X 轴和 Y 轴。

（1）Z 轴

一般取产生切削力的主轴轴线为 Z 轴，刀具远离工件的方向为正方向。当机床有几个主轴时，选一个与工件装夹面垂直的主轴为 Z 轴。当机床无主轴时，选与工件装夹面垂直的方向为 Z 轴。

（2）X 轴

X 轴一般位于与工件装夹面平行的水平面内。对于工件作回转切削运动的机床，在水平面内取垂直工件回转轴线的方向为 X 轴，刀具远离工件的方向为正方向。

对于刀具做回转切削运动的机床，当 Z 轴垂直时，人面对主轴，向右为正 X 方向；当 Z 轴水平时，则向左为正 X 方向。

对于无主轴的机床，以切削方向为正 X 方向。

（3）Y 轴

根据已经确定的 X 轴和 Z 轴，按右手笛卡儿坐标系确定。

图 2.1 为右手笛卡儿坐标系，图中右手的拇指、食指、中指互相垂直，并分别代表 $+X$、$+Y$、$+Z$ 轴，与 $+X$、$+Y$、$+Z$ 方向相反的方向用 $+X'$、$+Y'$、$+Z'$ 表示。

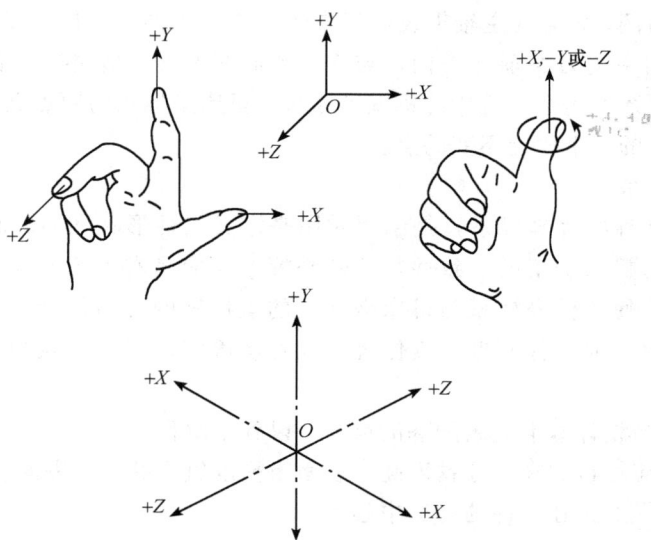

图 2.1　右手笛卡儿坐标系

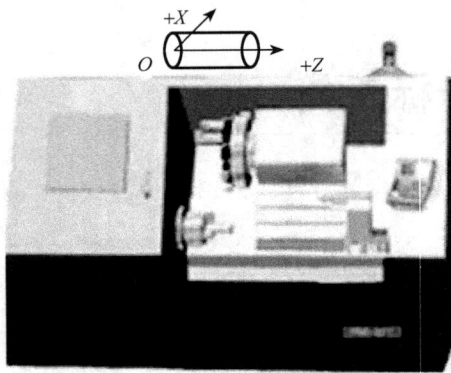

图 2.2　数控车床

4）思考

仔细观察图 2.2～图 2.4 所示机床，并判断其 X、Y、Z 轴及其正方向。

2. 数控铣床的两种坐标系

如图 2.4 所示，根据数控机床的坐标系确定原则，可知数控铣床的坐标系：主轴轴线为 Z 轴，刀具远离工件的方向为 Z 轴正方向，操作者面向 Z 轴，右手边为 X 轴正方向，然后利用笛卡儿坐标系可判断出指向操作者的方向为 Y 轴正方向。

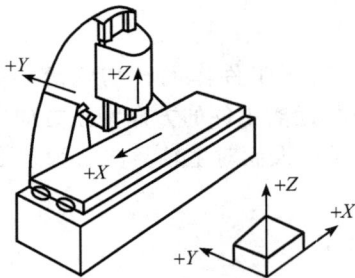

图 2.3　立式数控铣床

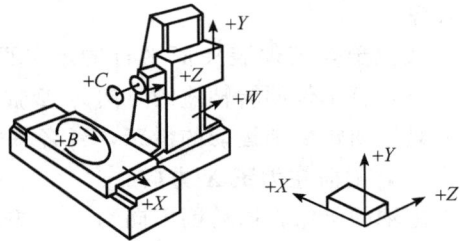

图 2.4　卧式数控铣床

（1）机床坐标系

机床坐标系又称机械坐标系，其坐标和运动方向视机床的种类和结构而定。通常，以立式数控铣床为例，Z 轴为主轴轴线，正方向是离开工件的方向；X 轴与 Z 轴垂直，操作者面向 Z 轴右手边为 X 轴正方向，与 X、Z 轴都垂直，指向操作者的方向为 Y 轴正方向，这个坐标系就是数控铣床的机械坐标系。机床坐标系的原点又称机床原点或机械原点，为机床上的一个固定不变的点。

（2）工件坐标系

工件坐标系又称编程坐标系，是编程时用来定义工件形状和刀具相对运动的坐标系。为保证编程与机床加工的一致性，工件坐标系也应是右手笛卡儿坐标系。工件装夹刀机床上时，应使工件坐标系与机床坐标系的坐标轴的方向保持一致。编程坐标系的原点也称编程原点或工件原点，其位置由编程者确定，工件原点的设置一般应遵循下列原则：

1）工件原点与设计基准或装配基准重合，以利于编程。

2）工件原点应尽量选在尺寸精度高、表面粗糙度值小的工件表面上。

3）工件原点最好选在工件的对称中心上。

4）要便于测量和检验。

2.2 数控铣床编程常用指令

1. 数控铣床 FANUC 0i-MATE-MB 系统常用指令

数控铣床 FANUC 0i-MATE-MB 系统常用指令如表 2.1 所示。

表 2.1 G 代码

G 代码	功 能	G 代码	功 能
G00	定位（快速移动）	G52	局部坐标系设定
G01	直线插补（进给速度）	G53	选择机床坐标系
G02	顺时针圆弧插补	G54	选用 1 号工件坐标系
G03	逆时针圆弧插补	G55	选用 2 号工件坐标系
G04	暂停指令	G56	选用 3 号工件坐标系
G27	返回参考点检测	G57	选用 4 号工件坐标系
G28	返回参考点	G58	选用 5 号工件坐标系
G29	从参考点返回到起始点	G59	选用 6 号工件坐标系
G30	返回第二参考点	G90	绝对值指令方式
G33	螺纹切削	G91	增量值指令方式
G40	取消刀具半径补偿	G94	每分进给
G41	左侧刀具半径补偿	G95	每转进给
G42	右侧刀具半径补偿	G96	恒表面速度控制
G50.1	可编程镜像取消	G97	恒表面速度控制取消
G51.1	可编程镜像有效		

2. 辅助功能（M 功能）

当地址 M 之后指定数值时，代码信号和选通信号被送到机床。机床使用这些信号去接通或断开它的各种功能。通常，在一个程序段中仅能指定一个 M 代码。在某些情况下，对于一些机床也可以最多指定三个 M 代码。

表 2.2 M 代码

M 代码	功 能	M 代码	功 能
M00	程序停止	M08	冷却液开
M01	选择停止	M09	冷却液关
M02	程序结束	M30	程序结束，程序返回开始
M03	主轴正转	M98	调用子程序
M04	主轴反转	M99	子程序返回
M05	主轴停止		

3. 其他功能

刀具长度补偿代码为 G43、G44、G49，G43 代表刀具长度正补偿；G44 代表刀具长度负补偿；G49 代表取消刀长补偿。

2.3　简单工件编程实例

1. 相关知识

数控铣床的铣削方向可分为顺铣和逆铣两种（如图 2.5 所示）。

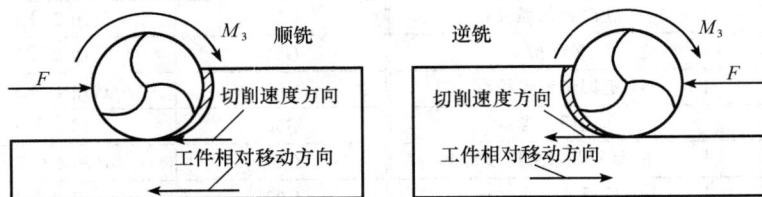

图 2.5　铣削方向

（1）逆铣法

铣刀的旋转切入方向和工件的进给方向相反（逆向）。

（2）顺铣法

铣刀的旋转切入方向和工件的进给方向相同（顺向）。

顺铣法切入时的切削厚度最大，然后逐渐减小到零，因而避免了在已加工表面的冷硬层上滑走过程。实践表明，顺铣法可以提高铣刀耐用度 2～3 倍，工件的表面粗糙度值可以降低些，尤其在铣削难加工材料时，效果更为显著。

逆铣时，每齿所产生的水平分力均与进给方向相反，使铣刀工作台的丝杠与螺母在左侧始终接触。而顺铣时，水平分力与进给方向相同，铣削过程中切削面积也是变化的，因此，水平分力也是忽大忽小的，由于进给丝杆和螺母之间不可避免地有一定间隙，故当水平分力超过铣床工作台摩擦力时，使工作台带动丝杆向左窜动，丝杆与螺母传动右侧出现间隙，造成工作台颤动和进给不均匀，严重时会使铣刀崩刃。

此外，在进行顺铣时，遇到加工表面有硬皮，也会加速刀齿磨损。在逆铣时工作台不会发生窜动现象，铣削较平稳，但在逆铣时，刀齿在加工表面上挤压、滑行，切不下切屑，使已加工表面产生严重冷硬层。

一般情况下，尤其是粗加工或是加工有硬皮的毛坯时，多采用逆铣。精加工时，加工余量小，铣削力小，不易引起工作台窜动，可采用顺铣。

加工凸件外形轮廓时，顺时针方向走刀为顺铣，加工凹件时逆时针方向走刀为逆铣。

2　指令简介

（1）常用 G 代码

1）G40、G41、G42。

G40 为取消刀具半径补偿；

G41 为刀具半径左补偿，即沿刀具前进的方向看，刀具在工件的左边；

G42 为刀具半径右补偿，即沿刀具前进的方向看，刀具在工件的右边。

2）G96：G96 代表恒线速度控制，单位为 m/s。

3）G97：G97 代表取消恒线速度控制。

4）G94：G94 代表每分钟进给长度，其单位为 mm/min。

5）G95：G95 代表每分钟进给的弧度，其单位为 r/min。

6）G00：G00 代表快速移动指令。

指令格式为 G00X_Y_Z_；X、Y、Z 为终点坐标。

G00 为快速移动指令，其进给速度由机床设定，是机床上的最快速度，操作者不可改变。

G00 不可用做加工。

7）G01：G01 为直线进给指令。

指令格式为 G01X_Y_Z_F_；X、Y、Z 为终点坐标。F 为进给速度。

G01 为切削加工指令，用于加工工件。

（2）常用 M 代码

1）主轴转动代码为 M03、M04、M05，其意义分别为

M03：主轴正转；

M04：主轴反转；

M05：主轴停转。

三轴的转速可以通过 s 后加数字控制

2）M02 代表程序结束光标就停在程序结束的位置。

3）M30 代表程序结束并返回程序头。

（3）编程时刀具的入刀形式

1）铣削轮廓的入刀方法。

○ 直线入刀。从工件轮廓直线边的延长线切入工件的方法就是直线切入法。

② 切线或直线入刀。对于平面轮廓的铣削，无论是外轮廓或内轮廓，要安排刀具从切向进入轮廓进行加工，当轮廓加工完毕之后，要安排一段沿切线方向继续运动的距离退刀，这样可以避免刀具在工件上的切入点和退出点处留下接刀痕。

2）铣削型腔的入刀方法。

○ 预钻削起始孔。不推荐这种方法，这是因为这需要增加一种刀具，从切削的观点看，刀具通过预钻削孔时因切削力而产生不利的振动。当使用预钻削孔时，常常会导致刀具损坏。

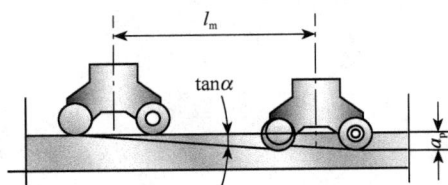

图 2.6　线性坡走切削

② 使用 X/Y 和 Z 方向的线性坡走切削（图 2.6）。最佳的方法之一是使用 X/Y 和 Z 方向的线性坡走切削，以达到全部轴向深度的切削。

③ 可以以螺旋形式进行圆插补铣。（图 2.7）。这是一种非常好的方法，因为它可产生光滑的切削作用，而只要求很小的开始空间。

3. 举例

仔细分析图 2.8，编制出最合理的加工程序，工量具见表 2.3。

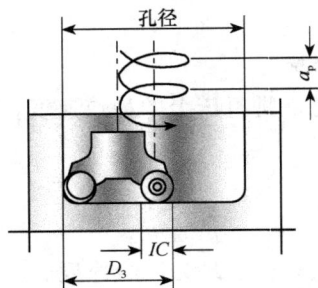

图 2.7　以螺旋形式进行圆插补铣

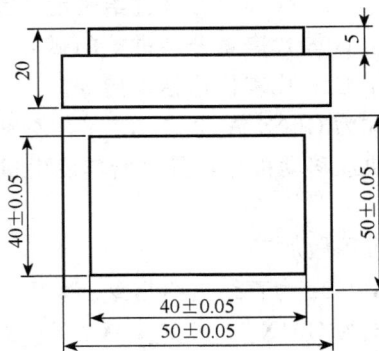

图 2.8　加工图

表 2.3　工量具准备通知单

分　类	名　称	尺寸规格/mm	数　量
刀具	$\phi 10$ 立铣刀		1 把
工具	油石		1 块
	等高垫块		若干
	寻边器		1 支
量具	游标卡尺	0.02	1 把
	杠杆百分表	0.01	1 只
	百分表	0.01（0～10）	1 只
	标准量块		1 套
	外径千分尺	0.01	1 套
	深度千分尺	0.01	1 把
其他	磁性表座		1 套
	函数计算器		1 只
	工作服		1 套
	护目镜		1 副

加工步骤如下：

（1）建立工件坐标系

以毛坯的上表面的几何中心为坐标系原点，水平方向为 X 轴，垂直方向为 Y 轴，如图 2.9 所示。

（2）计算点的坐标

各点坐标如图 2.10 所示。

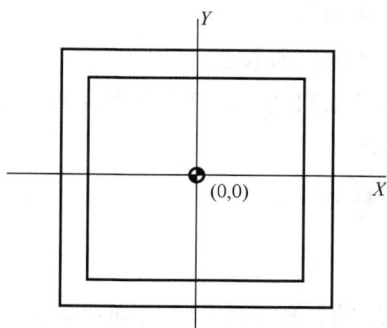

图 2.9　建立坐标系

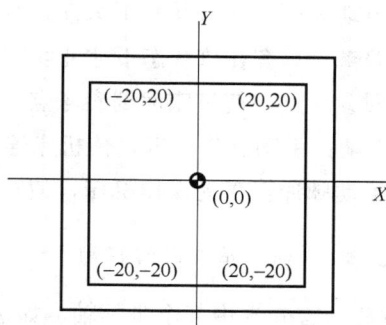

图 2.10　各点坐标图

（3）编制程序

```
%
O0001；
G80 G40 G69；
G90 G54 G97 G94 G00 X0 Y0 M03 S800；
Z50.0；
G00 X30.0 Y-30.0；
G00 Z5.0；
G01 Z-5.0 F80；
G41 D01 G01 X20.0 Y-25.0 F150；
G01 Y20.0；
X-20.0；
Y-20.0；
X30.0；
Z5.0；
G00 Z30.0；
G40 G00 X0 Y0；
M05；
M30；
```

2.4　数控铣床操作面板介绍

通过操作数控铣床 FANUC 0i-MATE-MB 系统操作面板，掌握数控铣床 FANUC 0i-MATE-MB 系统操作面板各个按钮的功能，并能熟练操作数控铣床。

1. 熟悉以下五种常用功能按钮，并掌握其功能

1）⬛自动运行：在该状态下只能进行工件的加工。
2）⬛编辑：只有在该状态下才能实现程序的输入和修改。
3）⬛回参考点：使机床回到参考点，消除机床间隙，保证工件加工精度。
4）⬛手动：手动操作机床，使机床连续移动。
5）⬛手动脉冲：手动操作机床，使机床实现点动。

2. 熟悉 X、Y、Z 轴方向的控制

控制方法为首先选中某个坐标轴，如选中 X 轴，然后选择正方向或负方向。

3. 熟练掌握坐标轴的移动

需做到能够自如操作机床，使机床如同自己的手一样灵活。

4. 掌握图 2.11 所示中的 12 个键的功能

图 2.11 所示的 12 个键功能如下：
POS：显示机床当前位置和转速、刀具、进给速度等参数；
PROG：程序按钮；
OFFSET SETTING：刀具补偿设定及工件坐标系的选择；
SHIFT：上档键；
CAN：删除前面内容；
INPUT：输入；

图 2.11　功能键图

SYSTEM：系统参数；
MESSAGE：信息；
ALTER：替换；
INSERT：插入；
DELETE：删除后面内容；
CUSTOMGRAPH：显示加工轨迹。

5. 数控铣床对刀方法

（1）寻边器对刀法
1）X 轴对刀：控制铣刀，使铣刀在 X 轴负方向刚刚好切削到毛坯时，记录下 X 坐标 X_1；使铣刀在 X 轴正方向刚刚好切削到毛坯时，记录下 X 坐标 X_2，将 $(X_1 + X_2)/2$ 输入 OFFSET SETTING 中 G54 中的 X。

2）Y 轴对刀：控制铣刀，使铣刀在 Y 轴负方向刚刚好切削到毛坯时，记录下 Y 坐标 Y_1；使铣刀在 Y 轴正方向刚刚好切削到毛坯时，记录下 Y 坐标 Y_2，将 $(Y_1 + Y_2)/2$

输入 OFFSET SETTING 中 G54 中的 Y。

3）Z 轴对刀：控制铣刀，使铣刀刚刚好切削到毛坯上表面时，在 OFFSET SETTING 中 G54 中的 Z 中输入 0。

（2）试切对刀法

先试切工具的一边，控制铣刀，使铣刀刚好碰到工件边时，Z 轴上抬，记录下当前 X 或 Y 坐标，然后刀具向工件的对称中心移动一个距离（该距离是工具长度或宽度的一半加上刀具的半径值），然后以同样的对刀方法找正工件的另一边，分别对应输入 OFFSET SETTING 中 G54 中的 X、Y、Z。

试切法对刀法只能适用在加工精度等技术要求不高的方形工件。

2.5　数控铣床加工过程

通过操作 FANUC 0i-MATE-MB 系统数控铣床操作面板，完整的按照加工流程完成工件的加工。

1. 数控铣床的完整加工流程

使用数控铣床进行工件的加工时，一般应按照以下流程：

1）开启机床。

① 通电前的外观检查：主要包括机床电器检查、CNC 电箱检查、接线质量检查、电磁阀检查、限位开关检查、操作面板上按钮及开关检查、地线检查、电源相序检查。

② 机床总电压的接通：包括接通机床总电源、测量强电各部分的电压、观察有无漏泄。

③ CNC 电箱通电：按下列步骤通电，按 CNC 电源通电按钮、打开 CNC 电源、将状态开关置于适当的位置、检查 JOG、回零、MDI 等功能、并进行手动导轨润滑试验。

2）根据图纸，分析工艺流程，并制定相应的加工方案。

3）建立坐标系。

4）计算各点坐标。

5）编制加工程序。

6）安装工件和刀具。

7）对刀，并设定刀具补偿。

8）加工工件（包括粗加工、半精加工和精加工）。

9）完成加工，卸下工件和刀具。

10）整理工量具，并打扫机床卫生。

11）关闭机床：应先关闭 CNC 电箱电源，再关闭机床总电源。

2. 熟悉数控铣床加工流程，并完成图 2.12 所示工件的加工

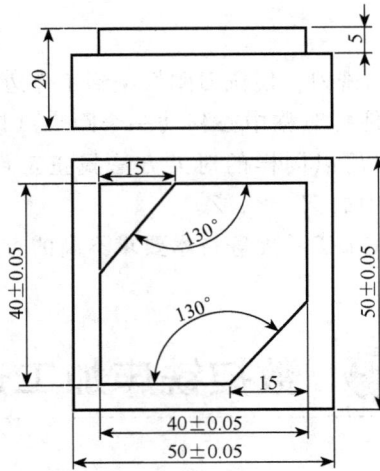

图 2.12 工件图

3. 数控铣床保证工件尺寸精度的方法

对刀完成后，在刀具磨损中将零件放大 0.5mm 左右，然后再开始粗加工，粗加工完毕后测量工件实际尺寸 X_1，若 $X_1 >$ 实际尺寸 X，则在刀具磨损中修改数值，在原有的基础上减去 $(X_1 - X)$，然后执行精加工程序。精加工完成后，再去测量实际尺寸 X_2，若 $X_2 > X$，则在刀具磨损中修改数值，在原有的基础上减去 $(X_2 - X)$，再执行精加工程序。如此反复，直至工件实际尺寸符合要求为止。

4. 测量与检验

鉴定项目及标准见表 2.4。

表 2.4 评分细则

鉴定项目及标准	配 分	自 检	结 果	得 分	备 注
用试切法对刀	10				
40mm±0.05mm（四处）	25				
50mm±0.05mm（四处）	25				
15mm（两处）	10				
5mm	10				
130°	10				
精度检验及误差分析	10				
总结					

思考与练习

2 1　数控铣床有哪两种坐标系，分别是怎样定义的？

2 2　数控铣床 FANUC 0i-MATE-MB 系统常用指令有哪些？

2 3　若不采用直线导入加工会不会对加工工件产生影响？若会，会产生怎样的影响？

2 4　仔细分析图 2.13，编写出最合理的程序。

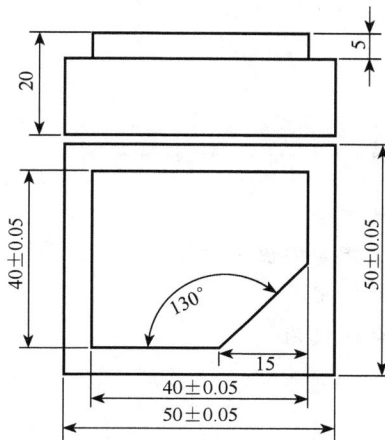

图 2.13　思考与练习 2.3 图

2.5　对刀的原理是怎样的？

2.6　通过输入现有程序，熟练掌握数控铣床面板上的各组按键、同时学会对刀的正确方法，模拟出工件加工轨迹。

2.7　为什么要事先将零件尺寸放大 0.5mm？

第 3 章
数控铣床编程与提高

教学目标

1. 掌握编程中数学处理方法
2. 掌握旋转指令、镜像指令的使用方法
3. 掌握简化编程指令的使用
4. 掌握子程序调用指令的使用

技能要求

1. 能熟练掌握编程中的数学处理
2. 能独立熟练使用旋转指令、镜像指令、简化编程指令、子程序调用指令
3. 能自如控制工件尺寸精度及技术要求

3.1 数控铣床编程中的数学处理

1. 掌握数控铣床编程中的数学处理的内容

（1）数值换算

1）标准尺寸换算。图样上的尺寸基准与编程所需要的尺寸基准不一致时，应将图样上的尺寸基准、尺寸换算为编程坐标系中的尺寸，再进行下一步的数学处理。

2）尺寸链计算。在数控加工中，除了需要准确的得到其编程尺寸外，还需要掌握控制某些重要尺寸的允许变动量，这就需要通过尺寸链计算才能得到，故尺寸链计算是数学处理中的一个重要内容。

（2）坐标值计算

1）基点的直接计算。

① 基点的含义：构成零件轮廓的不同几何素线的交点或切点成为基点，它可以直接作为其运动轨迹的起点或终点。

② 基点直接计算的内容：根据直接填写加工程序段时的要求，该内容主要有每条运动轨迹的起点或终点站选定坐标系中的各坐标值和圆弧运动轨迹的圆心坐标值。

基点直接计算的方法比较简单，一般根据零件图样所给的已知条件人工完成。

2）节点的拟合计算。

① 节点的含义：当采用不具备非圆曲线插补功能的数控机床加工非圆曲线轮廓的零件时，在加工程序的编制中，常常需要用直线或圆弧近似代替非圆曲线，成为拟合处理。拟合线段的交点或切点成为节点。

② 节点拟合计算的内容：节点拟合计算的难度及工作量都较大，故宜通过计算机完成；有时也可由人工完成，但对编程者的数学处理能力要求较高。拟合结束后，还必须通过相应的计算，对每条拟合段的拟合误差进行分析。

2. 掌握基点的计算方法

（1）基点一般采用联立方程组求解

【例 3.1】　求图 3.1 所示中 B 点的坐标。

分析：

图 3.1 中 B 点为直线 AB 与圆 D 的切点，故只要将其方程写出来，联立起来，解出其切点坐标就可以了。

【解】　连接 AD，过 D 点做垂线，过 A 点做水平线交过 D 点的垂线于 E 点，如图 3.2 所示。

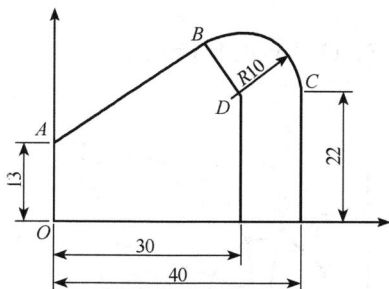

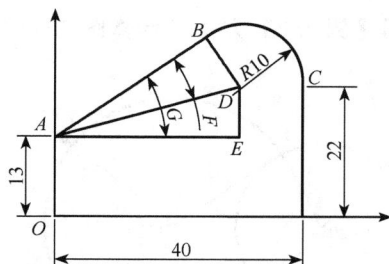

图 3.1　【例 3.1】图　　　　　　　　图 3.2　作辅助线

直线 AD 长度

$$AD = \sqrt{(0-30)^2 + (13-22)^2} = 31.32$$

则直线 AB 长度

$$AB = 29.68$$

角 F 的正切值为

$$\tan F = \frac{10}{29.68} = 0.3369$$

直线 DE 长度为

$$DE = 9$$

直线 AE 长度为

$$AE = 30$$

因此角 $(G\text{-}F)$ 的正切值为

$$\tan(G\text{-}F) = \frac{9}{30} = 0.3$$

则角 G 的正切值为

$$\tan G = \frac{0.3369 + 0.3}{1 - 0.3369 \times 0.3} = 0.7085$$

则直线 AB 的直线方程为

$$Y = 0.7085X + 13 \tag{1}$$

圆 D 的方程为

$$(X - 30)^2 + (Y - 22)^2 = 100 \tag{2}$$

联立 (1)、(2) 方程，可解得 B 点坐标为 (24.22，30.16)。

【例 3.2】 求图 3.3 中 A 点坐标。

分析：已知圆心坐标和圆的半径，则两圆的方程直接可以写出，联立两方程，可直接计算出 A 点坐标。

【解】 小圆方程为

$$(X - 15)^2 + (Y - 30)^2 = 400 \tag{3}$$

大圆方程为

$$(X - 30)^2 + (Y - 20)^2 = 900 \tag{4}$$

联立 (3)、(4) 两方程可直接解得交点坐标为 (21.72，48.84)。

(2) 巩固练习

运用【例 3.2】方法试计算图 3.4 中 D、E、F、G 四点的坐标。

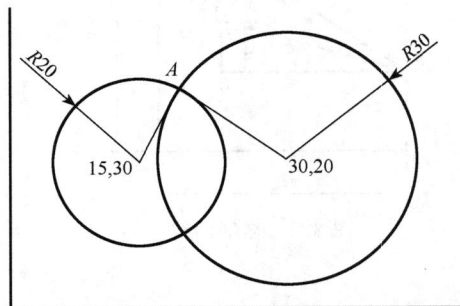

图 3.3 【例 3.2】图

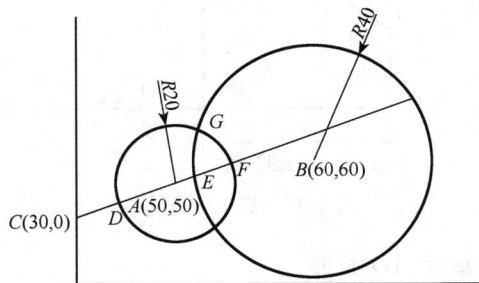

图 3.4 巩固练习图

3.2　旋转、圆弧编程指令的运用

1. 旋转指令

使编程图形按照指定旋转中心及旋转方向旋转一定的角度。

G68 表示开始坐标系旋转。G69 用于撤销旋转功能。

指令格式为

G68X_Y_R_；

G69

其中：X、Y 为旋转中心的坐标值（可以是 X、Y、Z 中的任意两个，它们由当前平面选择指令 G17、G18、G19 中的一个确定），当 X、Y 省略时，G68 指令认为当前的位置即为旋转中心；R 为旋转角度，逆时针旋转定义为正方向，顺时针旋转定义为负方向。

2. 圆弧指令

1）G02：顺时针圆弧指令。

指令格式为

G02X_Y_R_

其中：X、Y 为圆弧终点坐标；R 为圆弧半径。

2）G03：逆时针圆弧指令。

指令格式为

G02X_Y_R_

其中：X、Y 为圆弧终点坐标；R 为圆弧半径。

当圆弧角度小于 180°时，R 为正；当圆弧角度大于 180°小于 360°时，R 为负；当圆弧角度为 180°或 360°时，R 可正可负。

3. 指令的运用举例

仔细分析图 3.5，编写出最合理的程序，并加工出合格零件。

（1）工艺分析

图 3.5 中的图形是由一个 20mm×20mm 的正方形，在两个对角上加两个圆弧得到的。若按照图上的位置加工工件，则需要计算的点的坐标比较麻烦，为了计算简单，我们可以采用旋转指令，将原坐标系逆时针旋转 45°，转换成图 3.6 所示，再进行加工。

（2）计算各基点的坐标（图 3.6）

各个基点至新坐标系 $X'O'Y'$ 下的新坐标如图 3.6 所示。

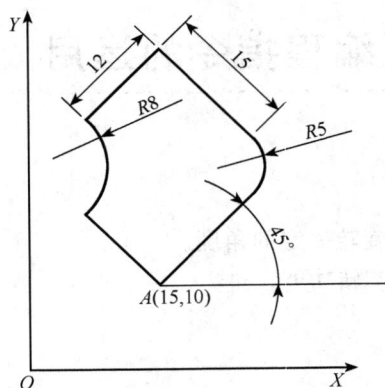

图 3.5 未使用旋转坐标前图

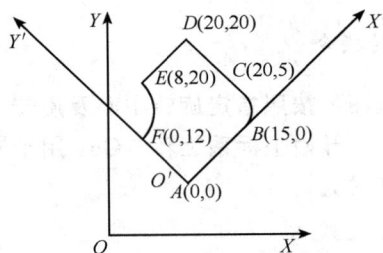

图 3.6 使用旋转坐标后图

（3）编制程序

```
O0001;
G80 G40 G69;
G90 G54 G0 X0 Y0 M03 S800;
G68 X15.0 Y10.0 R45.0;
Z50.0;
Z5.0;
G01 Z-5.0 F50;
G41 D01 G01 X15.0 Y0 F120;
Y22.0;
G03 X23.0 Y30.0 R8.0;
G01 X35.0;
G01 Y15.0;
G02 X30.0 Y10.0 R5.0;
G01 X5.0;
G01 Z5.0;
G69;
G00 G40 X0 Y0;
M05;
M30;
```

（4）零件加工

1）按照刀具和毛坯。

2）对刀。

3）设定刀补，一般加工前预留 0.5～1mm 的余量，以便控制工件尺寸精度。本例预留 0.5mm，即在刀具半径补偿栏中输入（刀具半径＋0.5mm）。

4）输入程序。

5）将模式选择为 AUTO，点击循环启动。

6）加工完毕后，测量工件尺寸，并与要求尺寸比较，得出差值。

7）在刀具补偿栏中减去实际尺寸与要求尺寸的差值。

8）再次执行程序，加工工件。

9）重复 6）～8）步骤，直至工件尺寸合格为止。

10）在刀具半径补偿栏中输入（刀具半径×2＋0.5mm）

11）再次执行程序，去除余量。

12）加工完成，检查工件余量是否去除完毕。

13）重复 10）～12）步骤，直至将工件余量去除完毕为止。

14）加工完毕，卸下工件和刀具。

15）打扫卫生并关闭机床。

4．加强训练

仔细分析图 3.7，编写出最合理的程序，并加工出合格零件。

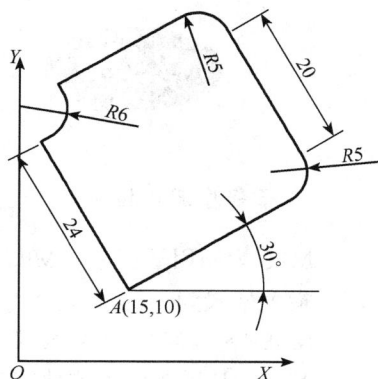

图 3.7 加强训练图

5．自我检测

自我检测表见表 3.1。

表 3.1 自我检测表

鉴定项目及标准	配 分	自 检	结 果	得 分	备 注
用试切法对刀	10				
12	25				
15	25				
R5	15				
R8	15				
糙度检验及误差分析	10				
总结					

6．知识拓展

（二）圆弧指令格式

除了上述我们讲述的圆弧指令格式外，圆弧指令还有另外一种格式为

G02X_Y_I_J_；

G03X_Y_I_J_；

其中：X、Y 仍然是圆弧终点坐标；I、J 分别为圆弧起点指向圆心的矢量在 X、Y 轴上

的分量。

（2）判断圆弧方向的方法

圆弧方向的判断方法为：从 Y 轴正方向向 Y 轴负方向看，圆弧加工时为顺时针为顺时针圆弧，圆弧加工时为逆时针为逆时针圆弧。

3.3 子程序调用指令的运用

1. 子程序调用指令

M98 为调用子程序；M99 为用于子程序返回。

指令格式为

M98P×××× ××××

其中：P 后的前 4 位数字为调用子程序的次数，后 4 位数字为子程序名。

注意：若子程序调用次数省略，则默认为 1 次。

2. 指令的运用举例

仔细分析图 3.8，编写出最合理的程序，并加工出合格零件。图 3.8 中一块平板上加工 3 个边长为 10mm 的等边三角形，每边的槽深为 2mm，工件上表面为 Z 向零点。

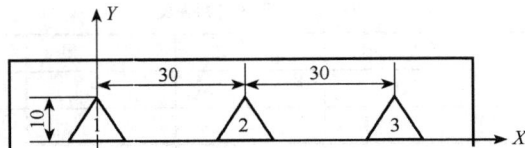

图 3.8　子程序调用举例图

（1）工艺分析

图 3.8 中的图形是三个形状完全相同的三角形，因此，我们可以采用调用子程序的办法，将其中的一个三角形的加工程序编制好以后，另外的两个三角形加工时直接调用子程序就可以。这样就会大大减少程序的长度和编制的难度。

（2）编制程序

主程序：

```
O10
G80 G40 G69;
G54 G90 G00 Z40 F2000        //进入工件加工坐标系
M03 S800                     //主轴启动
```

```
G00 Z3                    //快进到工件表面上方
G01 X 0 Y8.66             //到 1#三角形上顶点
M98 P20                   //调 20 号切削子程序切削三角形
G90 G01 X30 Y8.66         //到 2#三角形上顶点
M98 P20                   //调 20 号切削子程序切削三角形
G90 G01 X60 Y8.66         //到 3#三角形上顶点
M98 P20                   //调 20 号切削子程序切削三角形
G90 G01 Z40 F2000         //抬刀
M05                       //主轴停
M30                       //程序结束
子程序:
O20
G91 G01 Z -2 F100         //在三角形上顶点切入（深）2mm
G01 X -5 Y-8.66           //切削三角形
G01 X 10 Y 0             //切削三角形
G01 X 5 Y 8.66           //切削三角形
G01 Z 5 F2000            //抬刀
M99                       //子程序结束
```

（3）加工步骤

1）按照刀具和毛坯。

2）对刀。

3）设定刀补，一般加工前预留 0.5～1mm 的余量，以便控制工件尺寸精度。本例预留 0.5mm，即在刀具半径补偿栏中输入（刀具半径＋0.5mm）。

4）输入程序。

5）将模式选择为 AUTO，点击循环启动。

6）加工完毕后，测量工件尺寸，并与要求尺寸比较，得出差值。

7）在刀具补偿栏中减去实际尺寸与要求尺寸的差值。

8）再次执行程序，加工工件。

9）重复 6）～8）步骤，直至工件尺寸合格为止。

10）在刀具半径补偿栏中输入（刀具半径×2＋0.5mm）

11）再次执行程序，去除余量。

12）加工完成，检查工件余量是否去除完毕。

13）重复 10）～12）步骤，直至将工件余量去除完毕为止。

14）加工完毕，卸下工件和刀具。

15）打扫卫生并关闭机床。

3. 加强训练

仔细分析图 3.9，编写出最合理的程序，并加工出合格零件。

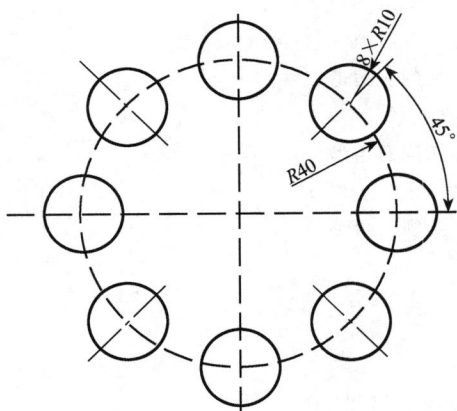

图 3.9   知识拓展举例图

4. 知识拓展

相对坐标指令为 G91。G91 是相对坐标指令，即刀具运动的位置坐标是指刀具从当前位置到下一个位置之间的增量。增量坐标也称为相对坐标。

相对坐标用在普通编程中可以省去总找原点计算某点坐标的问题，但是也多了计算两点之间距离的计算，因此普通编程中很少用增量坐标。但是在调用子程序时，增量坐标是一个很好的帮手。若用绝对坐标编制子程序，则很难实现子程序的正常工作，用相对坐标则可以很好的解决这个问题。

3.4   镜像编程指令的运用

1. 镜像指令

G51.1 表示镜像指令有效，G50.1 用于撤销镜像指令。

指令格式为

G51.1X_Y_Z_I_J_K_；

G50.1X_Y_Z_；

其中：X、Y、Z 为镜像中心的坐标值；I、J、K 为各个坐标轴的比例系数，数值为当前缩放倍数的 1000 倍，数值的正负取决于沿该坐标轴镜像的方向与当前坐标轴的方向，若与正方向相同则数值为正，若与负方向相同则数值为负。

注意：1）镜像指令可只用于某一个坐标轴，也可以用于多条坐标轴。

2）如果所表示的坐标轴只作用于指定平面上的一个坐标轴，指令的操作如下：

① 圆弧指令：回转方向相反。

② 刀具半径补偿指令：补偿方向相反。

③ 坐标轴旋转：回转角度反向。

2. 指令的运用举例

仔细分析图 3.10，编写出最合理的程序，并加工出合格零件。图中槽深为 2mm，比例系数取为

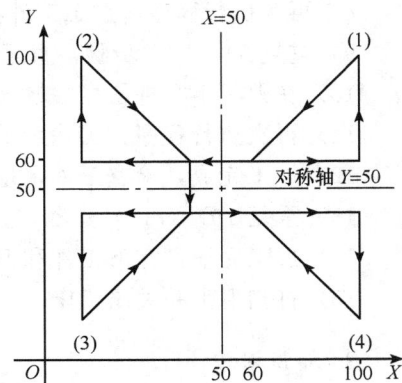

图 3.10   镜像指令举例图

＋1000 或－1000，刀具起始点为 O 点。

（1）工艺分析

图 3.10 中的图形是沿 X 轴和 Y 轴对称的，对称中心点为（50，50），针对这一特点，我们可以采用镜像指令加子程序来解决这个问题

（2）编制程序

主程序为

```
O0001；
G40 G00 G54 G97 G94 X0 Y0；
M03 S800；
G41 D01 G00 Z10.0；
M98 P0002；
G51.1 X50.0；
M98 P0002；
G51.1 Y50.0；
M98 P0002；
G50.1 X50.0；
M98 P0002；
G50.1 X50.0 Y50.0；
M05；
M30；
```

子程序为

```
O0002；
G00 X60.0 Y60.0；
G01 Z-2.0 F100；
G01 X100.0 Y60.0；
G00 Z4.0；
M99；
```

（3）零件加工

1）按照刀具和毛坯。

2）对刀。

3）设定刀补，一般加工前预留 0.5～1mm 的余量，以便控制工件尺寸精度。本例预留 0.5mm，即在刀具半径补偿栏中输入（刀具半径＋0.5mm）。

4）输入程序。

5）将模式选择为 AUTO，点击循环启动。

6）加工完毕后，测量工件尺寸，并与要求尺寸比较，得出差值。

7）在刀具补偿栏中减去实际尺寸与要求尺寸的差值。

8）再次执行程序，加工工件。

9）重复 6）～8）步骤，直至工件尺寸合格为止。

10）在刀具半径补偿栏中输入（刀具半径×2＋0.5mm）

11）再次执行程序，去除余量。

12）加工完成，检查工件余量是否去除完毕。

13）重复 10）～12）步骤，直至将工件余量去除完毕为止。

14）加工完毕，卸下工件和刀具。

15）打扫卫生并关闭机床。

3．加强训练

仔细分析图 3.11，编写出最合理的程序，并加工出合格零件。

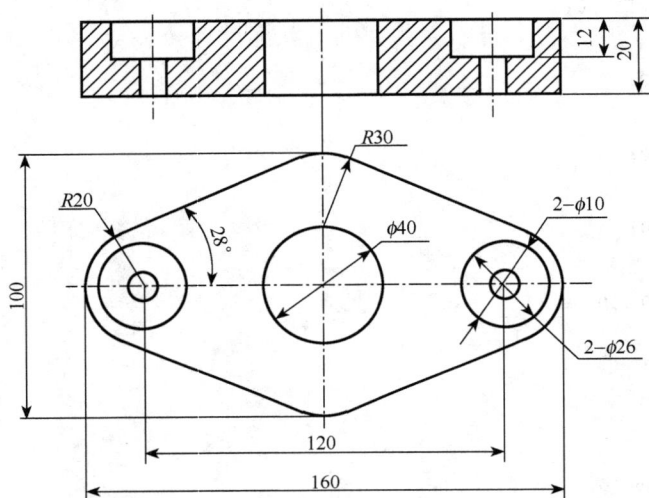

图 3.11　加强训练图

4．自我检测

自我检测按表 3.2 所示项目及标准来实施。

表 3.2　自我评测评分细则

鉴定项目及标准	配　　分	自　　检　　结　　果	得　　分	备　　注
用试切法对刀	10			
12mm	25			
$R30$	25			
$R20$	15			
$R26$	15			
精度检验及误差分析	10			
总结				

5 知识拓展

（1）镜像指令的延伸

镜像功能可使原编程尺寸按指定比例缩小或放大，也可让图形按指定规律做镜像变换。各轴的比例系数若大于 1，则加工出的图形为放大的；比例系数若小于 1，则加工出的图形为缩小的。

（2）工件技术要求的保证方法

这里我们主要介绍降低工件表面粗糙度的方法。

1）采用顺铣的方式可以降低工件表面粗糙度。

2）减少背吃刀量可以降低工件表面粗糙度。

3）减小进给速度可以降低工件表面粗糙度。

4）选择优质铣刀可以降低工件表面粗糙度。

● 思考与练习

3.1 在解圆方程时，怎样才能使计算更简单，简洁？

3.2 利用几何元素的三角函数和三角形的有关知识解答此类问题，会收到什么效果？

3.3 旋转指令适合用在怎样的情况下？

3.4 子程序适合用在哪些场合？

3.5 使用镜像指令时，为什么圆弧、刀具补偿等要反向？

第4章

加工中心的简介

教学目标

1. 通过学习了解加工中心的基本情况、加工中心的分类
2. 了解加工中心刀库的特点及结构特点
3. 掌握加工中心的正确维护与保养
4. 掌握加工中心与数控铣床的主要区别

技能要求

1. 熟悉加工中心的基本情况
2. 了解加工中心的工艺特点及加工中心刀库的结构特点
3. 明确加工中心与数控铣床相比有哪些优点
4. 能对加工中心有正常维护与保养

4.1 加工中心的简介

1. 加工中心概述

如图4.1所示是一台立式加工中心。一般来说，加工中心是指镗铣类加工中心，它

把铣削、镗削、钻削、攻螺纹和切削螺纹等功能集中在一台设备上，使其具有多种工艺手段，又由于工件经一次装夹后，能对两个以上的表面自动完成加工，并且有多种换刀或选刀功能及自动工作台交换装置（APC），从而使生产效率和自动化程度大大提高。

2．加工中心的工艺特点

加工中心是从数控铣床发展而来的，与数控铣床的最大区别在于加工中心具有自动交换加工刀具的能力，通过在刀库上安装不同用途的刀具，可在一次装夹中通过自动换刀装置改变主轴上的加工刀具，实现多种加工功能。

图 4.1　立式加工中心

1）可减少工件的装夹次数，消除因多次装夹带来的定位误差，提高加工精度。

2）可减少机床数量，并相应减少操作工人，节省占用的车间面积。

3）可减少周转次数和运输工作量，缩短生产周期。

4）在制品数量少，简化生产调度和管理。

5）使用各种刀具进行多工序集中加工，在进行工艺设计时要处理好刀具在换刀及加工时与工件、夹具甚至机床相关部位的干涉问题。

6）若在加工中心上连续进行粗加工和精加工，夹具既要能适应粗加工时切削力大、高刚度、夹紧力大的要求，又须适应精加工时定位精度高，零件夹紧变形尽可能小的要求。

7）由于采用自动换刀和自动回转工作台进行多工位加工，决定了卧式加工中心只能进行悬臂加工。

8）多工序的集中加工，要及时处理切屑。

9）在将毛坯加工为成品的过程中，零件不能进行时效，内应力难以消除。

10）技术复杂，对使用、维修、管理要求较高。

11）加工中心一次性投资大，还需配置其他辅助装置，如刀具预调设备、数控工具系统或三坐标测量机等，机床的加工工时费用高，如果零件选择不当，会增加加工成本。

3．常用的加工中的分类

（1）立式加工中心

立式加工中心装夹工件方便，便于操作，找正容易，宜于观察切削情况，调试程序容易，占地面积小，应用广泛。但它受立柱高度及 ATC 的限制，不能加工太高的零件，也不适于加工箱体。

（2）卧式加工中心

一般情况下卧式加工中心比立式加工中心复杂、占地面积大，有能精确分度的数控回转工作台，可实现对零件的一次装夹多工位加工，适合于加工箱体类零件及小型模具

型腔。但调试程序及试切时不宜观察，生产时不宜监视，装夹不便，测量不便，加工深孔时切削液不易到位（若没有用内冷却钻孔装置）。

由于许多不便使卧式加工中心准备时间比立式更长，但加工件数越多，其多工位加工、主轴转速高、机床精度高的优势就表现得越明显，所以卧式加工中心适合于批量加工。

（3）带 APC 的加工中心

立式加工中心、卧式加工中心都可带有 APC 装置，交换工作台可有两个或多个。在有的制造系统中，工作台在各机床上通用，通过自动运送装置工作台带着装夹好的工件在车间内形成物流，因此这种工作台也叫托盘。因为装卸工件不占机时，因此其自动化程度更高，效率也更高。

（4）复合加工中心

复合加工中心兼有立式和卧式加工中心的功能，工艺范围更广，使本来要两台机床完成的任务在一台上完成，工序更加集中。由于没有二次定位，精度也更高，但价格昂贵。

4.2　加工中心常用刀库介绍

1. 加工中心刀库的种类

（1）圆盘式刀库

圆盘式刀库如图 4.2 所示。

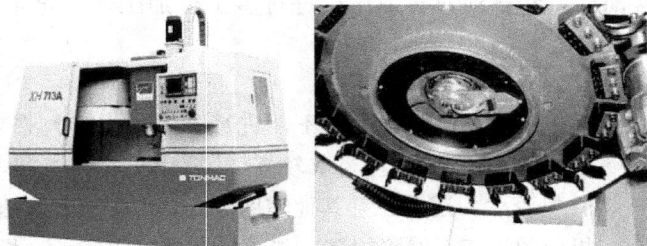

图 4.2　圆盘式刀库

圆盘式刀库的特点如下：

1）制造成本低。它的主要部件是刀库体及分度盘，只要这两样零件加工精度得到保证即可，运动部件中刀库的分度使用的是非常经典的"马氏机构"，前后、上下运动主要选用气缸。装配调整比较方便，维护简单。一般机床制造厂家都能自制。

2）刀号的计数原理。一般在换刀位安装一个无触点开关，1 号刀位上安装挡板。每次机床开机后刀库必须"回零"，刀库在旋转时，只要挡板靠近（距离为 0.3mm 左右）无触点开关，数控系统就默认为 1 号刀。并以此为计数基准，"马氏机构"转过几次，当前就是几号刀。只要机床不关机，当前刀号就被记忆。刀具更换时，一般按最近距离旋转原则，刀号编号按逆时针方向，如果刀库数量是 18，当前刀号位 8，要换 6 号刀，按最近距离换刀原则，刀库是逆时针转。如要换 10 号刀，刀库是顺时针转。机床关机后刀具记忆清零。

3）固定地址换刀刀库换刀时间比较长，国内的机床一般要 8s 以上（从一次切削到另一次切削）。

4）圆盘式刀库的总刀具数量受限制，不宜过多，一般 40♯刀柄的不超过 24 把，50♯的不超过 20 把，大型龙门机床也有把圆盘转变为链式结构，刀具数量多达 60 把。

（2）机械手刀库

机械手刀库如图 4.3 所示，换刀是随机地址换刀。每个刀套上无编号，它最大的优点是换刀迅速、可靠。

1）制造成本高。刀库由一个个刀套链式组合起来，机械手换刀的动作由凸轮机构控制，零件的加工比较复杂。装配调试也比较复杂，一般由专业厂家生产，机床制造商一般不自制。

2）刀号的计数原理。与固定地址选刀一样，它也有基准刀号：1 号刀。但我们只能理解为 1 号刀套，而不是零件程序中的 1 号刀——T1。系统中有一张刀具表。它有两栏。

图 4.3 机械手刀库

一栏是刀套号，另一栏是对应刀套号的当前程序刀号。假如我们编一个三把刀具的加工程序，刀具的放置起始是 1 号刀套装 T1（1 号刀），2 号刀套装 T2，3 号刀套装 T3，我们知道当主轴上 T1 在加工时，T2 刀即准备好，换刀后，T1 换进 2 号刀套，同理，在 T3 加工时，T2 就装在 3 号刀套里。一个循环后，前一把刀具就安装到后一把刀具的刀套里。数控系统对刀套号及刀具号的记忆是永久的，关机后再开机刀库不用"回零"即可恢复关机前的状态。如果"回零"，那必须在刀具表中修改刀套号中相对应的刀具号。

3）机械手刀库换刀时间一般为 4s（从一次切削到另一次切削）。

4）刀具数量一般比圆盘刀库多，常规有 18、20、30、40、60 等。

5）刀库的凸轮箱要定期更换起润滑、冷却作用的齿轮油。

2. 加工中心刀库的特点

使用场合：一般单件小批量生产用圆盘式刀库为好，大批量生产用机械手刀库。

另外大家也知道机械手刀库可靠性比圆盘式刀库高，但圆盘式刀库维护保养简单方便。

还有以下几点大家容易忽略。

1）圆盘式刀库的刀柄在刀库内放置时，刀套 7：24 的锥面是敞开的，无保护的，时间久了或车间环境恶劣，锥面易脏。影响刀具的重复安装精度。而机械手刀库的刀套包容全部锥面，不易脏。特别对精镗刀的镗孔精度稳定性有好处。

2）机械手刀库对刀具重量要求严格，一旦超重，刀具会从机械手中甩出去，易出危险。长度也必须在要求范围内，机械手旋转时所占的空间比较大，编程者须计算换刀是否会碰夹具等。

3）圆盘式刀库从使用上讲，刀具应在圆盘周围均匀放置，尽可能使质量重心在圆盘中心，以延长刀库使用寿命。

4）从承重的角度讲，圆盘式刀库的刀柄以 40♯和 30♯比较好，50♯的刀柄最好选机械手刀库。

5）机械手刀库在使用大直径刀具（大于相邻刀位的最大直径）时处理比较麻烦。要么每一把刀具间隔位置都一样。要么通过 PLC 专门辟出几个刀套位作为"特区"。

4.3 加工中心加工实例

1. 加工中心常用指令的讲解

（1）准备功能指令

1）返回第二参考点（G30）。该指令的使用和执行都和 G28 非常相似，唯一不同的就是 G28 使指令轴返回机床参考点，而 G30 使指令轴返回第二参考点。第二参考点也是机床上的固定点，它和机床参考点之间的距离由参数给定，第二参考点指令一般在机床中主要用于刀具交换。

2）精镗孔循环 G76（图 4.4）。其格式为

G76X_Y_Z_R_Q_P_F_L_

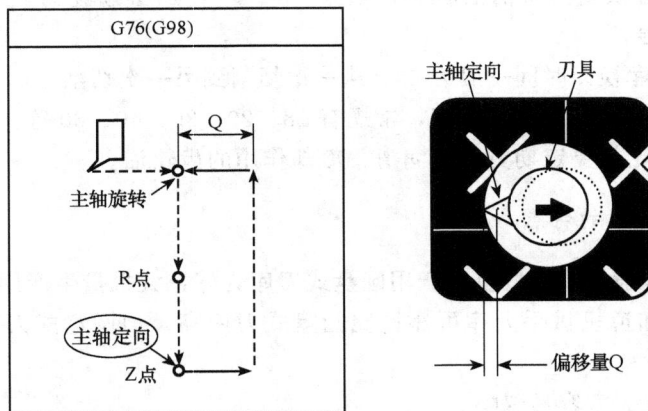

图 4.4　精镗孔固定循环

（2）辅助功能指令

1）主轴定位指令 M19。

2）主轴定位取消指令 M18。

3）刀具自动交换指令 M06。

2 实例讲解

（1）图纸（如图 4.5 所示）

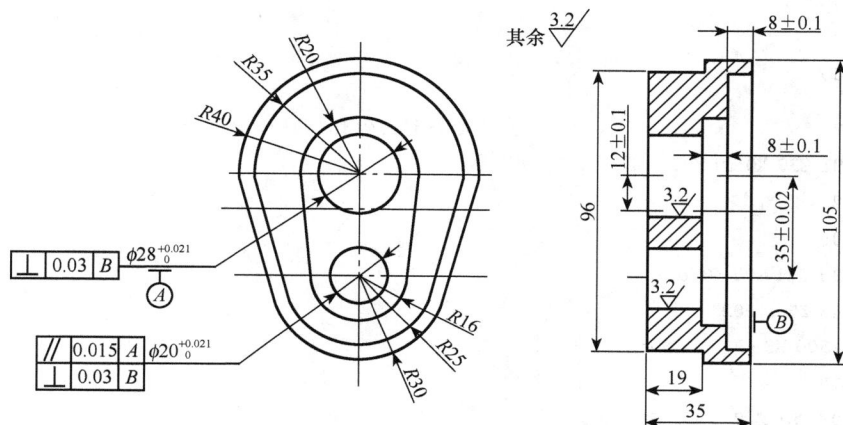

图 4.5 实例图

（2）零件分析

从图 4.5 中可以看出，零件轮廓形状与凸轮相似，尺寸精度和表面粗糙度要求较高的是两个轴孔，位置精度要求较高的是孔与端面的垂直度和两孔之间的平行度。

工艺路线：粗、精铣 B 面；粗、精铣外轮廓面；钻孔；粗、精铣内轮廓表面；粗、精铣 $\phi28$、$\phi20$ 孔至 $\phi27.8$、$\phi19.8$，精镗 $\phi28$、$\phi20$ 孔至尺寸。

（3）刀具选择

T1 选 $\phi100$ 盘铣刀；T2 选 $\phi3$ 中心钻；T3 选 $\phi16$ 麻花钻；T4 选 $\phi16$ 立铣刀；T5 选 $\phi20$ 微调镗刀；T6 选 $\phi28$ 微调镗刀。

（4）对刀

每把刀具按编号依次输入长度补偿以及半径补偿。

（5）程序的编制

挨到程序根据各自的加工中心为准。

```
O1                           //铣端面
G91 G30 X0 Y0 Z0
T1
M06
```

```
G90 G54 G00 X-105.Y0
G43 Z50.H01
S500 M3
Z10.
Z2.
G1 Z0 F100
G1 X105. F200
G1 Z2. F500
G0 Z50.
M5
M30

O2                          //中心钻打定位孔
G91 G30 X0 Y0 Z0
T2
M06
G90 G54 G00 X0 Y0
G43 Z50. H02
S1500 M3
Z10.
G98 G81 Z-2.5 R2. F80 L00
X12.Y0
X-23.Y0
G80
G0 Z50.
M05
M30

O3                          //打底孔
G91 G30 X0 Y0 Z0
T3
M06
G90 G00 X0 Y0
G43 Z50. H02
S600 M3
Z10.
G98 G83 Z-40. R2. Q2. F80 L00
X12.Y0
X-23.Y0
G80
G0 Z50.
M5
```

G91 G30 X0 Y0 Z0

T4

M06

各点如图 4.6 所示。

1 X-42.243 Y25.568

2 X0.571 Y38.333

3 X0.571 Y-38.333

4 X-31.571 Y-28.749

5 X-31.571 Y28.749

6 X-37.286 Y47.916

外轮廓入刀点：

（外轮廓）

G43 Z50. H04

S800 M3

Z10.

G0 X-45. Y36.

Z2.

G1 Z-16.5 F100

G41 G1 X-42.243 Y25.568 D14

G1 X0.571 Y38.333

G2 Y-38.333 R-40.

G1 X-31.571 Y-28.749

G2 Y28.749 R30.

G3 X-37.286 Y47.916 R10.

G40

各点如图 4.7 所示。

内轮廓入刀点 5：

1 X2. Y33.541

2 X-23.958 Y30.768

3 X-23.958 Y-30.768

4 X2. Y-33.541

5 X-23. Y0

G1 Z2. F500　　　　　　　　　　//内轮廓

G00 X12. Y0

G01 Z-8. F100

G41 D01 X-23.0 Y0 D14

G03 X-2. Y33.541

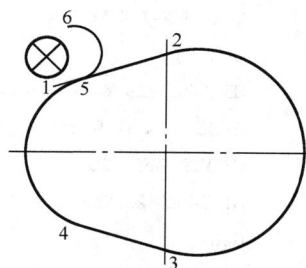

图 4.6　外轮廓各节点图

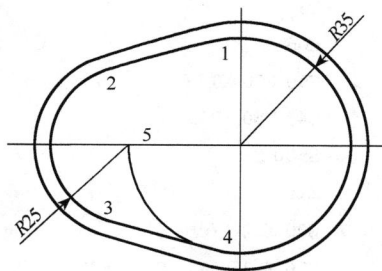

图 4.7　内轮廓各节点图

G1 X-23.958 Y30.768

G3 Y-30.768 R25.

G1 X2. Y-33.541

G3 X-23. Y0 R-35.

G40 G0 Z80.0

G41 G1 X-7.0 Y0 D14

G1 Z-16.

G3 X-24.829 Y-15.895 R-10.

G1 X9.714 Y-19.869

G3 Y19.869 R20.

G1 X-24.829 Y15.895

G40

G91 G30 X0 Y0 Z0

T5

M6

G90 G00 X0 Y0

G43 Z50. H05

S500 M3

Z10.

G00 X-23. Y0

G76 Z-36. R3. Q0.5 F30

G80

G0 Z50.

M5

G91 G30 X0 Y0 Z0

T6

M06

G90 G00 X0 Y0

G43 Z50. H05

S500 M3

Z10.

G00 X12. Y0

G76 Z-36. R3. Q0.5 F30

G80

G0 Z50.

M5

G91 G30 Z0

G91 G30 X0 Y0

M30

轮廓尺寸图如图 4.8 所示。

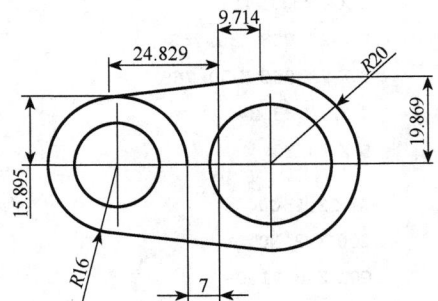

图 4.8　轮廓尺寸图

4.4　加工中心的维护与保养

1. 加工中心的安全操作规程

加工中心一旦出了故障，维修费不是一笔小数目，因耽搁的时间而造成的损失有时更是无法用金钱来计算。数控铣床及加工中心主要用于非回转体类零件的加工，特别是在模具制造业应用广泛。其安全操作规程如下：

（1）开机前，应当遵守的操作规程

1）穿戴好劳保用品，不要戴手套操作机床。

2）详细阅读机床的使用说明书，在未熟悉机床操作前，切勿随意动机床，以免发生安全事故。

3）操作前必须熟知每个按钮的作用以及操作注意事项。

4）注意机床各个部位警示牌上所警示的内容。

5）按照机床说明书要求加装润滑油、液压油、切削液，接通外接气源。

6）机床周围的工具要摆放整齐，要便于拿放。

7）加工前必须关上机床的防护门。

（2）在加工操作中，应当遵守的操作规程

1）文明生产，精力集中，杜绝酗酒和疲劳操作；禁止打闹、闲谈、睡觉和随意离开岗位。

2）机床在通电状态时，操作者千万不要打开和接触机床上示有闪电符号的、装有强电装置的部位，以防被电击伤。

3）注意检查工件和刀具是否装夹正确、可靠；在刀具装夹完毕后，应当采用手动方式进行试切。

4）机床运转过程中，不要清除切屑，要避免用手接触机床运动部件。

5）清除切屑时，要使用一定的工具，应当注意不要被切屑划破手脚。

6）要测量工件时，必须在机床停止状态下进行。

7）在打雷时，不要开机床。因为雷击时的瞬时高电压和大电流易冲击机床，造成烧坏模块或丢失改变数据，造成不必要的损失。

（3）工作结束后，应当遵守的操作规程

1）如实填写好交接班记录，发现问题要及时反映。

2）要打扫干净工作场地，擦拭干净机床，应注意保持机床及控制设备的清洁。

3）切断系统电源，关好门窗后才能离开。

2. 数控设备的维护保养

数控设备的正确操作和维护保养是正确使用数控设备的关键因素之一。正确的操作使用能够防止机床非正常磨损，避免突发故障；做好日常维护保养，可使设备保持良好的技术状态，延缓劣化进程，及时发现和消灭故障隐患，从而保证安全运行。

（1）外部环境因素

1）数控设备的使用环境。为提高数控设备的使用寿命，一般要求要避免阳光的直接照射和其他热辐射，要避免太潮湿、粉尘过多或有腐蚀气体的场所。精密数控设备要远离振动大的设备，如冲床、锻压设备等。

2）良好的电源保证。为了避免电源波动幅度大（大于±10%）和可能的瞬间干扰信号等影响，数控设备一般采用专线供电（如从低压配电室分一路单独供数控机床使用）或增设稳压装置等，都可减少供电质量的影响和电气干扰。

3）制定有效操作规程。在数控机床的使用与管理方面，应制定一系列切合实际、行之有效的操作规程，例如润滑、保养、合理使用及规范的交接班制度等，是数控设备使用及管理的主要内容。制定和遵守操作规程是保证数控机床安全运行的重要措施之一。实践证明，众多故障都可由遵守操作规程而减少。

4）数控设备不宜长期封存。购买数控机床以后要充分利用，尤其是投入使用的第一年，使其容易出故障的薄弱环节尽早暴露，得以在保修期内得以排除。加工中，尽量减少数控机床主轴的启闭，以降低对离合器、齿轮等器件的磨损。没有加工任务时，数控机床也要定期通电，最好是每周通电1～2次，每次空运行1小时左右，以利用机床本身的发热量来降低机内的湿度，使电子元件不致受潮，同时也能及时发现有无电池电量不足报警，以防止系统设定参数的丢失。

5）数控机床的维护保养。数控机床种类多，各类数控机床因其功能，结构及系统的不同，各具不同的特性。其维护保养的内容和规则也各有其特色，具体应根据其机床种类、型号及实际使用情况，并参照机床使用说明书要求，制订和建立必要的定期、定级保养制度。

（2）数控系统的维护

1）严格遵守操作规程和日常维护制度。数控设备操作人员要严格遵守操作规程和日常维护制度，操作人员的技术业务素质的优劣是影响故障发生频率的重要因素。当机床发生故障时，操作者要注意保留现场，并向维修人员如实说明出现故障前后的情况，以利于分析、诊断出故障的原因，及时排除。

2）防止灰尘污物进入数控装置内部。在机加工车间的空气中一般都会有油雾、灰尘甚至金属粉末，一旦它们落在数控系统内的电路板或电子器件上，容易引起元器件间绝缘电阻下降，甚至导致元器件及电路板损坏。有的用户在夏天为了使数控系统能超负荷长期工作，采取打开数控柜的门来散热，这是一种极不可取的方法，其最终将导致数控系统的加速损坏，应该尽量减少打开数控柜和强电柜门。

3）防止系统过热。应该检查数控柜上的各个冷却风扇工作是否正常。每半年或每季度检查一次风道过滤器是否有堵塞现象，若过滤网上灰尘积聚过多，不及时清理，会引起数控柜内温度过高。

4）数控系统的输入/输出装置的定期维护。20世纪80年代以前生产的数控机床，大多带有光电式纸带阅读机，如果读带部分被污染，将导致读入信息出错。为此，必须按规定对光电阅读机进行维护。

5）直流电动机电刷的定期检查和更换。直流电动机电刷的过度磨损，会影响电动机的性能，甚至造成电动机损坏。为此，应对电动机电刷进行定期检查和更换。数控车床、数控铣床、加工中心等，应每年检查一次。

6）定期检查和更换存储用电池。一般数控系统内对 CMOS RAM 存储器件设有可充电电池维护电路，以保证系统不通电期间能保持其存储器的内容。在一般情况下，即使尚未失效，也应每年更换一次，以确保系统正常工作。电池的更换应在数控系统供电状态下进行，以防更换时 RAM 内信息丢失。

7）备用电路板的维护。备用的印制电路板长期不用时，应定期装到数控系统中通电运行一段时间，以防损坏。

（3）机械部件的维护

1）主传动链的维护。定期调整主轴驱动带的松紧程度，防止因带打滑造成的丢转现象；检查主轴润滑的恒温油箱、调节温度范围，及时补充油量，并清洗过滤器；主轴中刀具夹紧装置长时间使用后，会产生间隙，影响刀具的夹紧，需及时调整液压缸活塞的位移量。

2）滚珠丝杠螺纹副的维护。定期检查、调整丝杠螺纹副的轴向间隙，保证反向传动精度和轴向刚度；定期检查丝杠与床身的连接是否有松动；丝杠防护装置有损坏要及时更换，以防灰尘或切屑进入。

3）刀库及换刀机械手的维护。严禁把超重、超长的刀具装入刀库，以避免机械手换刀时掉刀或刀具与工件、夹具发生碰撞；经常检查刀库的回零位置是否正确，检查机床主轴回换刀点位置是否到位，并及时调整；开机时，应使刀库和机械手空运行，检查各部分工作是否正常，特别是各行程开关和电磁阀能否正常动作；检查刀具在机械手上锁紧是否可靠，发现不正常应及时处理。

（4）液压、气压系统维护

定期对各润滑、液压、气压系统的过滤器或分滤网进行清洗或更换；定期对液压系统进行油质化验检查、添加和更换液压油；定期对气压系统分水滤气器放水。

（5）机床精度的维护

定期进行机床水平和机械精度检查并校正。机械精度的校正方法有软硬两种。其软方法主要是通过系统参数补偿，如丝杠反向间隙补偿、各坐标定位精度定点补偿、机床回参考点位置校正等；硬方法一般要在机床大修时进行，如进行导轨修刮、滚珠丝杠螺母副预紧调整反向间隙等。

● **思考与练习**

4.1　加工中心与数控铣床的主要的区别是什么？

4.2　是不是所有的工件都适合在加工中心上加工？

4.3　加工中心刀库的种类有哪些？

4.4　加工中心刀库的特点有哪些？

4.5　常用加工中心的指令有哪些？

4.6　试述加工中心的工艺与数控铣床加工工艺的区别。

4.7　结合加工中心安全操作规程回忆一下自己操作有哪些不符合安全规程？

4.8　结合自己平时的操作，有哪些维护没有做到？

4.9　加工中心安全操作规程有哪些？

4.10　加工中心的日常维护有哪些举几点说明？

第 **5** 章

自动编程的简介

5.1 自动编程的简介

1. 自动编程的概念

采用计算机代替手工编制数控加工程序的过程称为"计算机自动编程",也称作计算机辅助编程,简称"自动编程"。它是利用通用计算机和相应前置、后置处理软件,对工件源程序或 CAD 图形进行处理,以得到加工程序的一种方法。自动编程是计算机技术在机械制造业中的一个主要应用领域。

根据编程信息的输入与计算机对信息的处理方式不同,分为以自动编程语言为基础的自动编程方法和以计算机绘图为基础的自动编程方法。从自动编程的发展历史进程来看,很早就发展了以自动编程语言为基础的自动编程方法,以计算机绘图为基础的自动编程方法则相对发展较晚,这主要是由于计算机图形技术发展相对落后。

1)APT 系统。最早出现的是 APT 系统,使用 APT 系统,编程人员仍然要从事繁琐的预编程工作。但是由于使用计算机代替程序编制人员完成了繁琐的数值计算工作,并省去了编写程序清单的工作量,因此可将编制数控程序的效率提高数十倍。为了国际间的交流与使用的需要，ISO 组织在 APT 的基础上制定了 ISO4342-85《数控语言》标准，供各成员国参考使用。

2）CAD/CAM 集成系统的数控编程。目前 CAD/CAM 系统集成技术已经很成熟，一体化集成形式的 CAD/CAM 系统已成为数控加工自动编程的主流，其大大减少了编程出错率，提高了编程效率和编程可靠性。通常对于简单的加工零件可一次调试成功。

自动编程所用的零件图，是由设计者根据使用要求而设计的。在 CAD/CAM 集成系统中，它可由 CAD 软件产生，可以采用人机交互方式对零件的几何模型进行绘制、编辑和修改，从而得到零件的几何模型，不需要数控编程者再次进行几何造型。然后对机床和刀具进行定义和选择，确定刀具相对于零件表面的运动方式、切削加工参数，便能生成刀具轨迹。CAD/CAM 系统的自动编程还具有加工轨迹的仿真功能，以用于验证走刀轨迹和加工程序的正确性。使用这类软件对加工程序的生成和修改都非常方便，大大提高了编程效率。对于大型的较为复杂的零件的编程时间，大约为 APT 编程的几分之一，经济效益十分明显。现在的自动编程方法一般是指 CAD/CAM 系统的自动编程。狭义的 CAM 就是指这种自动编程。

自动编程技术优于手工编程，这是不容置疑的。但是，并不等于说凡是数控加工编程必选自动编程。数控编程方法的选择，必须考虑被加工零件形状的复杂程度、数值计算的难度和工作量的大小、现有设备条件（计算机、编程系统等）以及时间和费用等诸多因素。一般说来，加工形状简单的零件，例如点位加工或直线切削零件，用手工编程所需的时间和费用与计算机自动编程所需的时间和费用相差不大，这时采用手工编程比较合适。否则，不妨考虑选择自动编程。

5.2 CAD/CAM 集成数控编程简介

1. CAD/CAM 集成数控编程的简介

随着微电子技术和 CAD 技术的发展，自动编程系统已逐渐过渡到以图形交互为基础，与 CAD 相集成的 CAD/CAM 一体化的编程方法。与以前的 APT 等语言型的自动编程系统相比，CAD/CAM 集成系统可以提供单一准确的产品几何模型，几何模型的产生和处理手段灵活、多样、方便，可以实现设计、制造一体化。采用 CAD/CAM 数控编程系统进行自动编程已经成为数控编程的主要方式。

目前，商品化的 CAD/CAM 软件比较多，应用情况也各有不同，下面讲述了国内应用比较广泛的 CAM 软件的基本情况。

（1）UG

UG 是美国 EDS 公司出品的 CAD/CAM/CAE 一体化的大型软件，它最早由美国麦道航空公司研制开发，从二维绘图、数控加工编程、曲面造型等功能发展起来。经过多年发展，该系统本身以复杂曲面造型和数控加工功能见长，还具有管理复杂产品装配，进行多种设计方案的对比分析和优化等功能。其庞大的模块群为企业提供了从产品设计、产品分析、加工装配、检验，到过程管理、虚拟运作等全系列的技术支持。目前，该软件在国际 CAD/CAM/CAE 市场上占有较大的份额，是目前市场上数控加工编程能力最强的 CAD/CAM 集成系统之一。

（2）Pro/Engineer

Pro/Engineer 是美国 PTC 公司出品的 CAD/CAM/CAE 一体化的大型软件，功能强大，支持三轴到五轴的加工，Pro/Engineer 广泛应用于模具、工业设计、汽车、航天、玩具等行业，并在国际 CAD/CAM/CAE 市场上占有较大的份额。同样由于相关模块比较多，学习掌握，需要较多的时间。

（3）CATIA

IEM 下属的 Dassault 公司出品的 CAD/CAM/CAE 一体化的大型软件，功能强大，支持三轴到五轴的加工，支持高速加工。目前，CATIA 系统已发展成从产品设计、产品分析、加工、装配和检验，到过程管理、虚拟运作等众多功能的大型 CAD/CAM/CAE 软件。由于相关模块比较多，学习掌握的时间也较长。

（4）Cimatron

Cimatron 是以色列的 CIMATRON 公司出品的 CAD/CAM 集成软件，相对于前面的大型软件来说，是一个中端的专业加工软件，支持三轴到五轴的加工，支持高速加工，该软件较早在我国得到全面汉化，已积累了一定的应用经验。在模具行业应用广泛。

（5）PowerMILL

PowerMILL 是英国的 Delcam Plc 出品的专业 CAM 软件，是目前唯一一个与 CAD 系统相分离的 CAM 软件，其功能强大，加工策略非常丰富的数控加工编程软件，目前，支持三轴到五轴的铣削加工，支持高速加工。

（6）MasterCAM

MasterCAM 是美国 CNCSoftwareINC 开发的 CAD/CAM 系统，是最早在微机上开发应用的 CAD/CAM 软件，用户数量最多，许多学校都广泛使用此软件来作为机械制造及 NC 程序编制的范例软件。

（7）CAXA

CAXA 是国内北航海尔软件有限公司出品的数控加工软件，其功能与前面介绍的软件相比较，在功能上稍差一些，但价格便宜。

2. CAD/CAM 集成系统自动编程的主要特点

与手工编程相比，自动编程具有以下主要特点：

（1）数学处理能力强

对轮廓形状不是由简单的直线、圆弧组成的复杂零件，特别是空间曲面零件，以及几何要素虽不复杂，但程序量很大的零件，计算工作相当繁琐，采用手工编制程序的方法是难以完成的，例如，对一般二次曲线廓形，手工编程必须采取直线或圆弧逼近的方法，算出各节点的坐标值，其中列算式、解方程，虽说能借助计算器进行计算，但工作量之大是难以想像的。而自动编程借助于系统软件强大的数学处理能力，计算机能自动计算出加工该曲线的刀具轨迹，快速而又准确。自动编程系统还能处理手工编程难以胜任的二次曲面和特殊曲面。

（2）快速、自动生成数控程序

对非圆曲线的轮廓加工，手工编程即使解决了节点坐标的计算，也往往因为节点数过多，程序段很大而使编程工作又慢又容易出错。自动编程的优点之一，就是在完成计算刀具运动轨迹之后，后置处理程序能在极短的时间内自动生成数控加工程序，且该数控加工程序不会出现语法错误。当然自动生成数控加工程序的速度还取决于计算机硬件的档次，档次越高，速度越快。

（3）后置处理程序灵活多变

由于数控系统的指令形式不尽相同，机床的辅助功能也不一样，伺服系统的特性也有差别。因此，同一个零件在不同的数控机床上加工，数控加工程序也应该是不一样的。但在前置处理过程中，大量的数学处理，轨迹计算却是一致的。这就是说，前置处理可以通用化，只要稍微改变一下后置处理程序，就能自动生成适用于不同数控机床的数控程序来。后置处理相比前置处理，工作量要小得多，程序简单得多，因而它灵活多变。对于不同的数控机床，取用不同的后置处理程序，等于完成了一个新的自动编程系统，极大地扩展了自动编程系统的使用范围。

（4）程序自检、纠错能力强

复杂零件的数控加工程序往往很长，要一次编程成功，不出一点错误是不现实的。手工编程时，可能出现书写有错误，算式有问题，也可能程序格式出错，靠人工检查一个个的错误是困难的，费时又费力。采用自动编程，程序有错主要是原始数据不正确而导致刀具运动轨迹有误，或刀具与工件干涉，或刀具与机床相撞等。自动编程能够通过系统先进的、完善的诊断功能，在计算机屏幕上对数控加工程序进行动态模拟，连续、逼真地显示刀具加工轨迹和零件加工轮廓，发现问题能及时对数控加工程序中产生错误的位置及类型进行修改，快速又方便。现在，往往在前置处理阶段计算出刀具运动轨迹以后立即进行动态模拟检查，确定无误以后再进入后置处理阶段，生成正确的数控加工程序来。

（5）便于实现与数控系统的通讯

自动编程系统可以利用计算机和数控系统的通讯接口，实现自动编程系统和数控系统间的通讯。自动编程系统生成的数控加工程序，可直接输入数控系统，控制数控机床进行加工。如果数控程序很长，而数控系统的程序存储器容量有限，不足以一次容纳整个数控加工程序，编程系统可以做到边输入，边加工。自动编程系统的通讯功能进一步提高了编程效率，缩短了生产周期。

3 CAD/CAM 集成数控编程操作步骤

目前，国内外 CAD/CAM 集成系统软件种类很多，其软件功能、面向用户的接口方式有所不同，所以编程的具体过程及编程过程中所使用的指令也不尽相同。但从总体上讲，其编程的基本原理及基本步骤大体上是一样的，其操作步骤可归纳如下。

1）理解零件图纸或其他的模型数据，确定加工内容。

2）确定加工工艺（装卡、刀具、毛坯情况等），根据工艺确定刀具原点位置（即用户坐标系）。

3）利用 CAD 功能建立加工模型或通过数据接口读入已有的 CAD 模型数据文件，并根据编程需要，进行适当的删减与增补。

4）选择合适的加工策略，CAM 软件根据前面提供的信息，自动生成刀具轨迹。

5）进行加工仿真或刀具路径模拟，以确认加工结果和刀具路径与我们设想的一致。

6）通过与加工机床相对应的后置处理文件，CAM 软件将刀具路径转换成加工代码。

7）将加工代码（G 代码）传输到加工机床上，完成零件加工。

5.3 CAXA 制造工程师 2008 造型以及加工实例

1. CAXA 制造工程师 2008 造型

（一）相关知识与技能点

造型建模的基本思路与技巧、拉伸增料、拉伸除料、旋转增料、旋转除料、过渡指令的运用方法与技巧。

（二）实例讲解

该任务是通过 CAXA 制造工程师创建出如图 5.1 所示的零件。

1）启动 CAXA 制造工程师 2008。选择【开始】

图 5.1 造型结果图

→【程序】→CAXA 制造工程师 2008 命令，启动 CAXA 制造工程师 2008，如图 5.2 所示。或直接双击桌面上的快捷键" "图标。

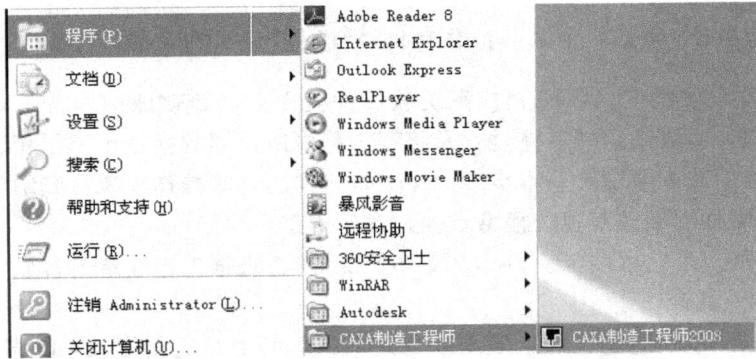

图 5.2 启动 CAXA 制造工程师 2008 界面

2) 新建零件文件。在打开的 CAXA 制造工程师 2008 界面下，单击主菜单上的【文件】→【新建】或在标准工具条上直接单击新建"▯"图标则进入 CAXA 制造工程师 2008 零件设计界面，如图 5.3 所示。

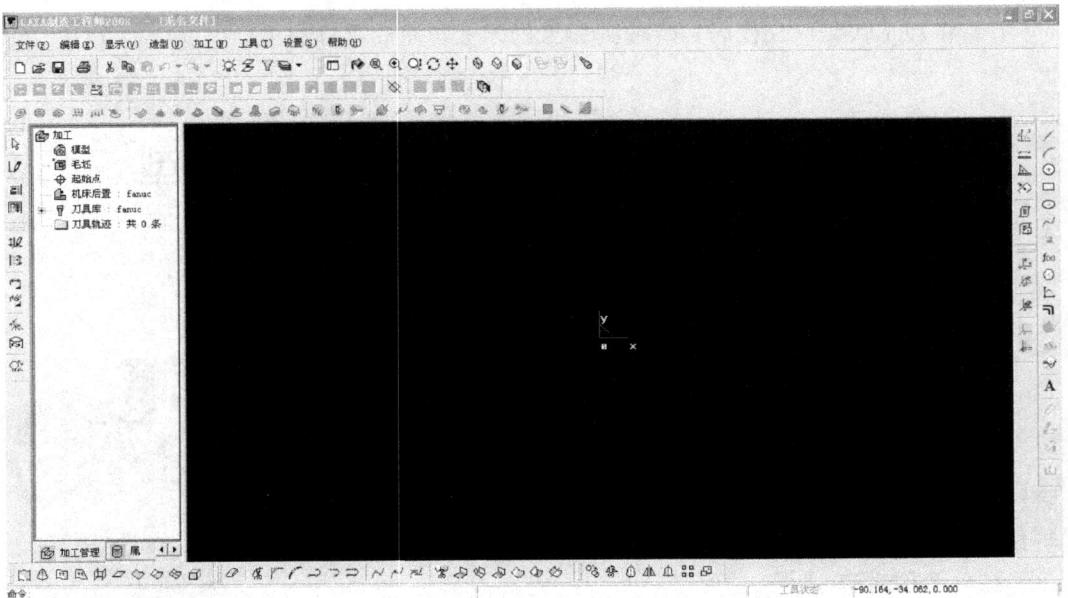

图 5.3 新建文档界面

3) 保存零件文档。单击【保存】图标▯，弹出如图 5.4 所示的对话框，首先在"保存在（I）"对话框下拉菜单中指定保存的盘符，然后在"文件名（N）"对话框中输入文件名，如"1"，在"保存类型（T）"输入要求保存的文件格式（文件类型可以选用 ME 数据文件 mex、EB3D 数据文件 epb、Parasolid x_t 文件、Parasolid x_b 文件、DXF 文件、IGES 文件、VRML 数据文件、STL 数据文件和 EB97 数据文件），单击

"确定"即可。

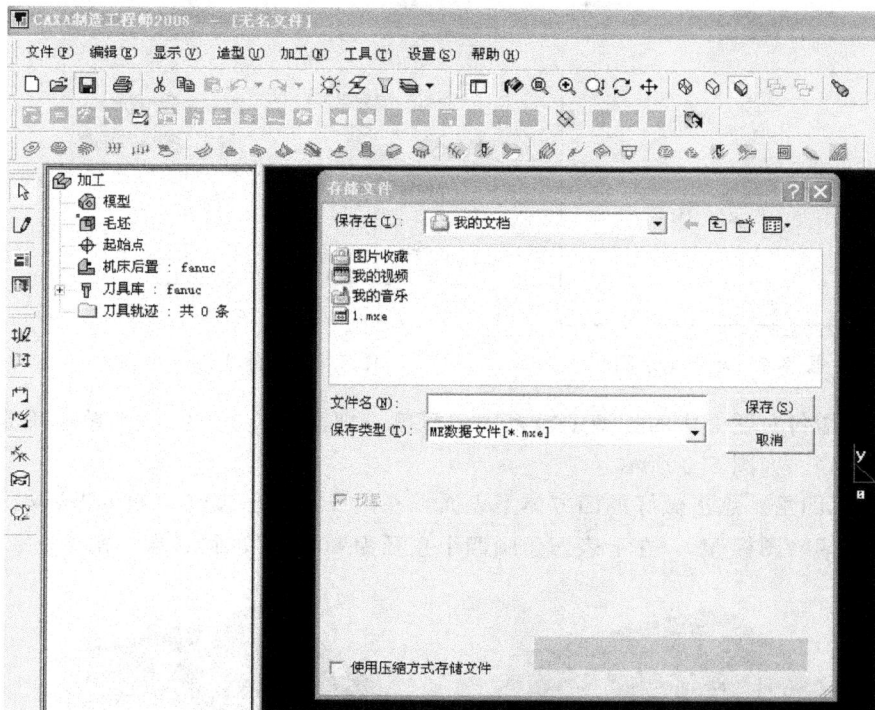

图 5.4 保存文档界面

4、创建底座。单击特征树下的"零件特征"→单击特征树中的"平面 XY"→点击草绘图标"",如图 5.5 所示，进入草绘环境，点击"平面 XY"后则在绘图区出现一红色方框，点击完后则红色框消失。

单击【曲线工具条】→【矩形】图标 绘制方法有两种，如：

方法一：两点画矩形；方法二：是中心长宽。在本例中用方法二，如图 5.6 所示。

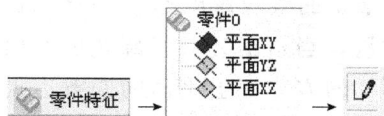

图 5.5 创建草绘界面

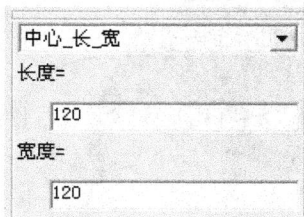

图 5.6 绘制矩形对话框

输入完后则正方形跟着鼠标走，当鼠标移到坐标系周围时则出现一绿色亮点，点击左键，正方形进入绘图区，如图 5.7 所示。

点击特征工具条上的拉伸增料图标，则出现拉伸增料的对话框，如图 5.8 所示。

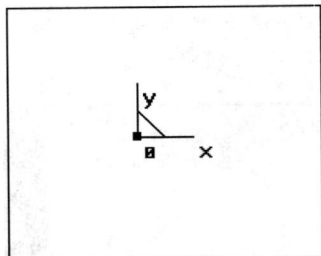

图 5.7　矩形结果图

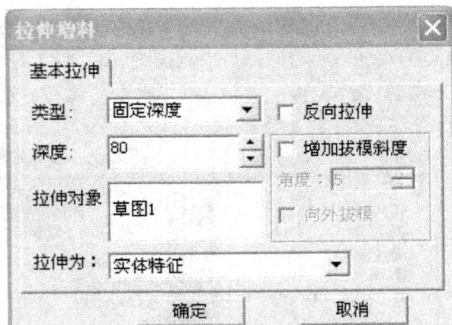

图 5.8　拉伸增料对话框

在拉伸增料对话框中的类型中输入固定深度，把深度设为 80mm，单击确定按钮，则长方体做好，如图 5.9 所示。

5）下沉四角。点击做好的四方体上表面，在四方框上出现红色四方框，如图 5.10 所示，点击草绘图标　，在上表四角画四个直径为 80 的圆，圆心在四角上。

图 5.9　长方体结果生成图

图 5.10　点选长方体上表面图

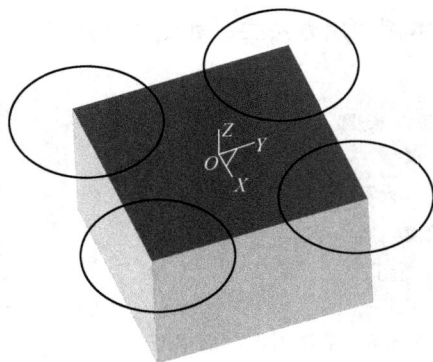

图 5.11　上表面草绘的圆图

画法是先点击曲线工具条上的整圆图标，然后鼠标移到到各角点时出现一绿色亮点时，点击鼠标左键，则画好其中的一个圆，以此类推画好另外的三圆，如图 5.11 所示。

然后点击曲线投影图标，移动鼠标到上表面边的位置，当边出现一浅绿色的线时，点击左键，用同样的方法把上表面的四条边投影到草绘面上，如图 5.12 所示。

点击线面工具条中的曲线裁剪图标，然后点击要去除的线，如图 5.13 所示。

图 5.12　上表面投影四边图

图 5.13　上表面草绘线修剪图

点击特征工具条上的拉伸除料图标 ，则出现拉伸增料的对话框，如图 5.14 所示。

在拉伸除料对话框中的类型中输入固定深度，把深度设为 55mm，单击确定按钮，则长方体的下沉四角做好，如图 5.15 所示。

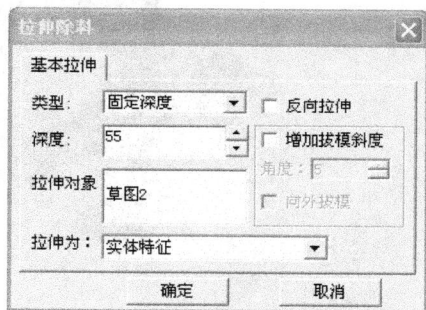

图 5.14　拉伸除料对话框

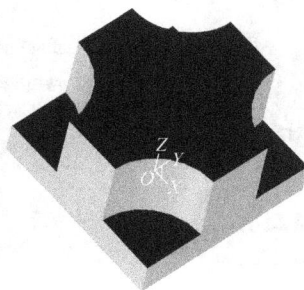

5.15　四角拉伸除料结果图

6）挖四方形内槽。点击做好的四方体上表面，在四方框上出现红色四方框如图 5.16 所示，点击草绘图标 ，在上表面做一矩形做法和步骤 4）相同。

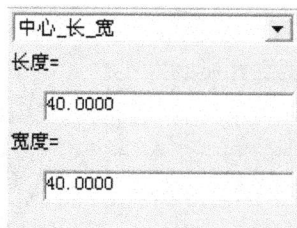

图 5.16　上表面的方槽草绘图

点击线面工具条中的过渡图标▀，给正方形的四个角倒 $R10$ 的角，点击要求过渡的两直线，如图 5.17 所示。

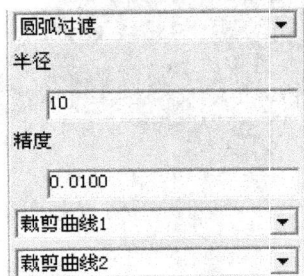

图 5.17　上表面草绘线倒角后图

点击特征工具条上的拉伸除料图标▭，则出现拉伸增料的对话框，如图 5.18所示。

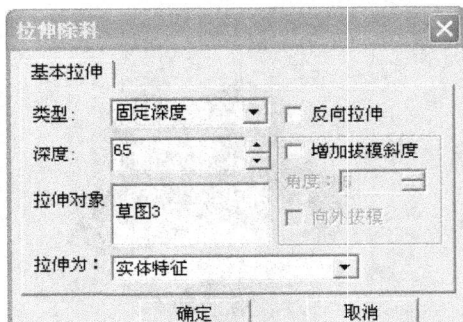

图 5.18　四方槽拉伸除料结果图

7）曲面体造型。点击 ZX 平面、点击草绘图标▨，点击整圆图标⊕，鼠标移到坐标系旁边，则出现绿色亮点，直接在键盘上输入半径 70mm，如图 5.19 所示。

接着在分别朝 X 向、Y 向画两直线，如图 5.20 所示。

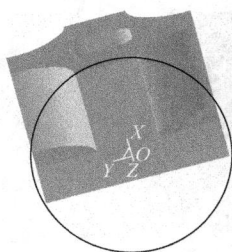

图 5.19　曲面体造型草绘图

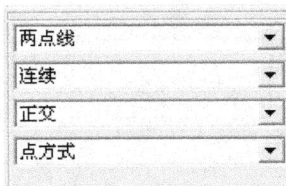

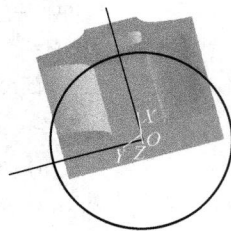

图 5.20　曲面体造型草绘直线图

点击曲线工具条中的等距线图标 ⌐⌐，把画好的 Y 方向的线朝上等距 25mm，如图 5.21 所示。

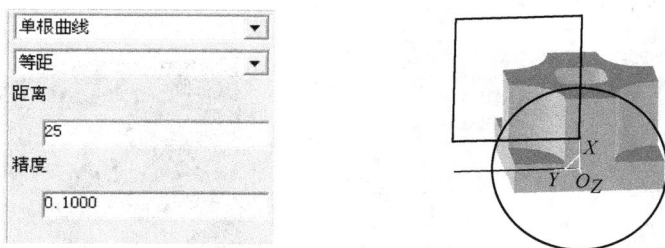

图 5.21　曲面体造型草绘结果图

点击线面工具条上的曲线裁剪图标 ✂，裁去多余的线段，点击删除图标 ✏，如图 5.22 所示。

点击草绘图标 ✎，即退出草绘图，然后用曲线工具条上的直线图标 ╱ 按一下 F7 键视角切换到 ZX 平面，朝 Z 正向画一直线作为旋转轴，如图 5.23 所示。

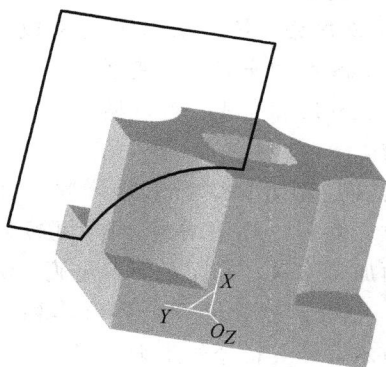

图 5.22　曲面体造型草绘线修剪图　　　　图 5.23　退出草绘绘制旋转轴

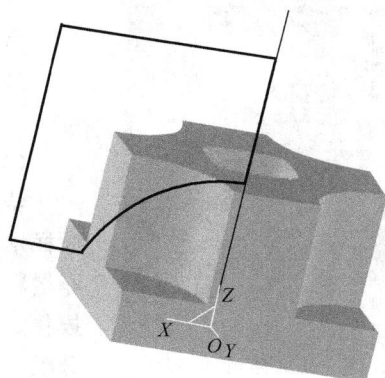

点击特征工具条上的旋转除料图标 ⊛ 设置参数，先选旋转轴再选草绘图，点击主菜单上的【编辑】→【隐藏】→在键盘上输入 W→点击鼠标右键，则直线隐藏，如图 5.24 所示。

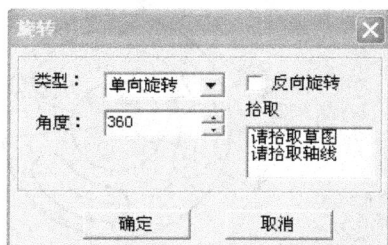

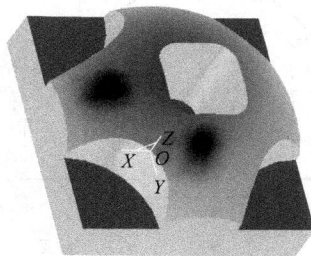

图 5.24　旋转除料结果图

8）过渡。点击特征工具条上的过渡图标设置参数，把鼠标移到需要过渡的轮廓线，当轮廓线出现淡红色时点击鼠标左键，即选好其中一轮廓线，以此类推把周边轮廓都选好，如图5.25所示。

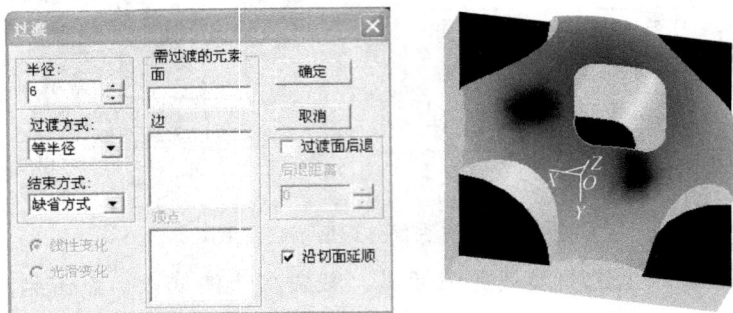

图 5.25　实体轮廓线过渡对话框

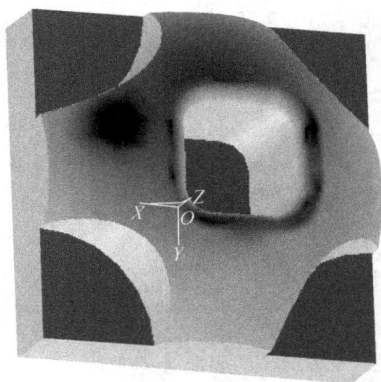

图 5.26　曲面体造型结果

结果如图 5.26 所示。

（3）训练与提高

1）根据上例思路，按图 5.27 尺寸完成三维造型。

2）按图 5.28 尺寸完成三维造型。

3）按图 5.29 尺寸完成三维造型。

（4）总结

希望读者在造型方面学习旋转增料，旋转除料，放样增料，放样除料，导动增料，导动除料，曲面加厚增料，曲面加厚除料，曲面裁剪，过渡，倒角，孔，拔模，抽壳，筋板，线性阵列，环形阵列，基准面，分模，实体布尔运算等指令的正确运用。

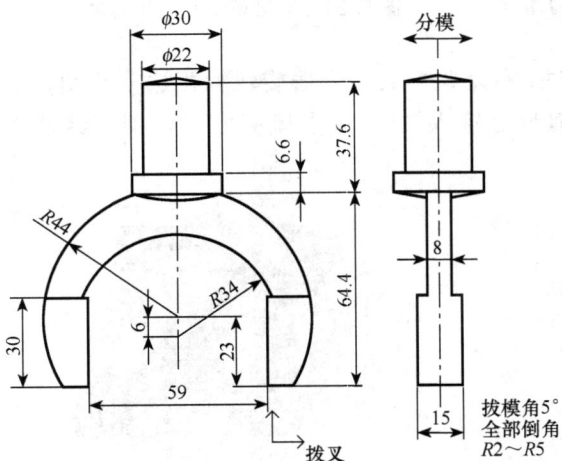

图 5.27　训练与提高图一

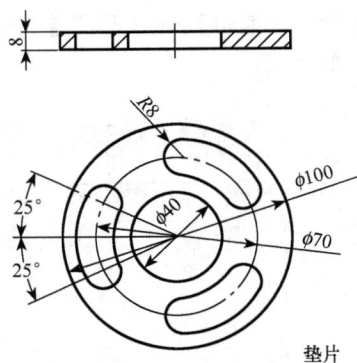

图 5.28　训练与提高图二

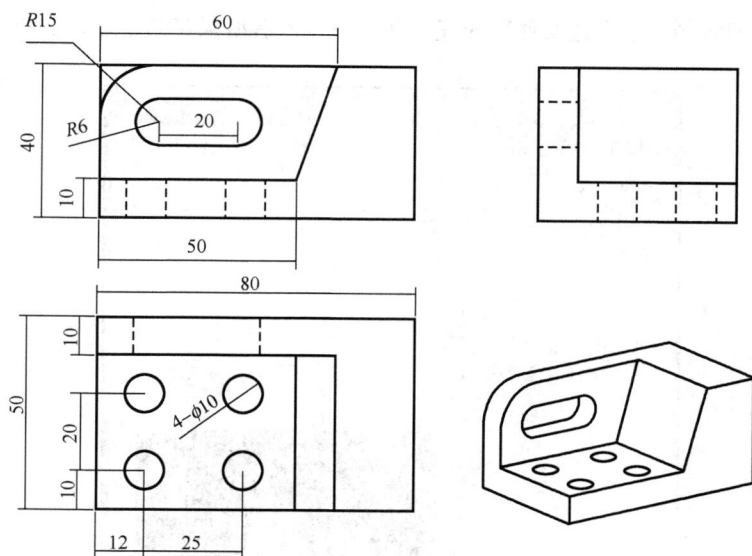

图 5.29 训练与提高图三

2. CAXA 制造工程师 2008 典型工件的实例加工技巧

（1）相关知识与技能点

学会平面区域粗加工、区域式粗加工、等高线粗加工、扫描线粗加工、平面轮廓线精加工、参数线精加工、等高线精加工、扫描线精加工的正确加工方法与技巧。

（2）加工步骤

1）启动 CAXA 制造工程师 2008。选择【开始】→【程序】→CAXA 制造工程师 2008 命令，启动 CAXA 制造工程师 2008，如图 5.30 所示，或直接双击桌面上的快捷键 图标。

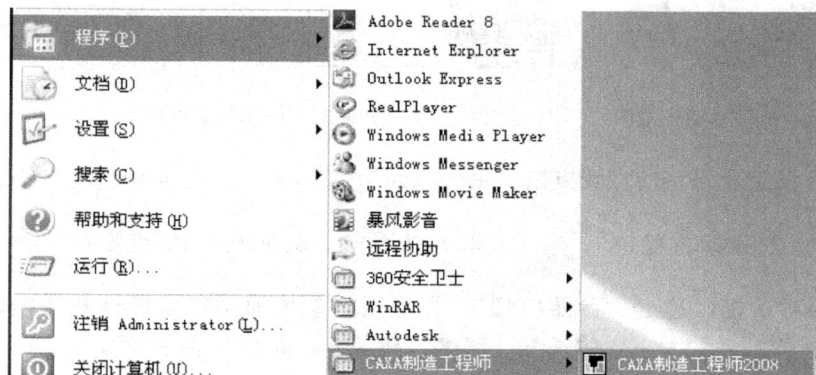

图 5.30 启动 CAXA 制造工程师 2008

2）打开造型实例。选择【文件】→【打开】→输入造型保存的路径，如图 5.31 所示。

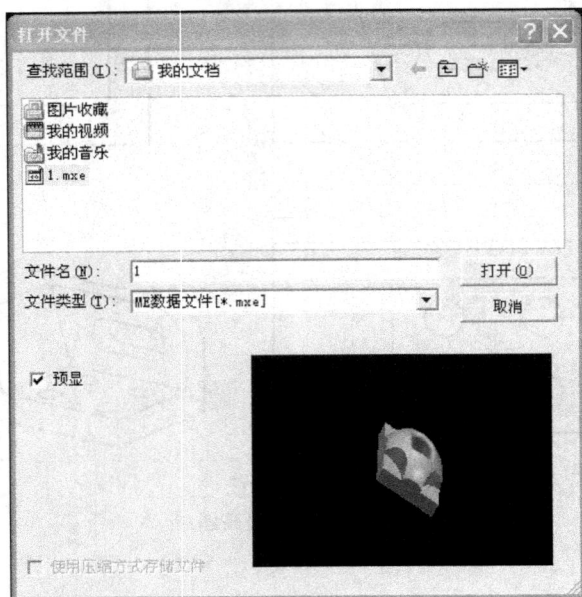

图 5.31　打开已有造型界面

点击对话框中的"打开"，则做好的造型已打开，如图 5.32 所示。

点击曲线工具条上的相关线图标 ，出现一对话框，在下拉菜单中选择实体边界，然后把鼠标移到相应的位置，点击左键则相关线被吸出，如图 5.33 所示。

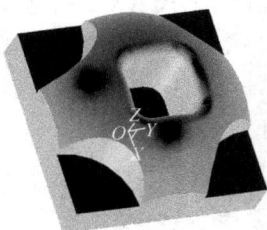

5.32　打开造型结果图　　　　　　　　　图 5.33　吸出轮廓线图

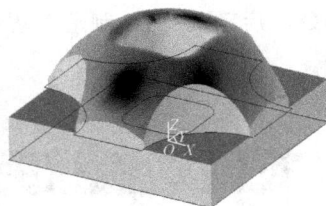

3）毛坯设定及刀具的设置方法。毛坯设定方法如下：点击 →点击特征树下的毛坯→点击鼠标右键→ →弹出对话框，点击其中的定义毛坯→出现如图 5.34 所示的对话框，选上"参照模型"，再点击"参照模型"按钮→然后修改"基准点"中的 X、Y、Z 和大小中的长度、宽度、高度值，如图 5.34 所示。

毛坯结果如图 5.35 所示。

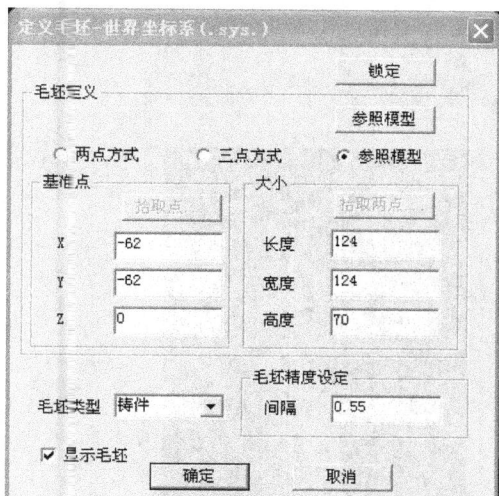

图 5.34　毛坯定义对话框

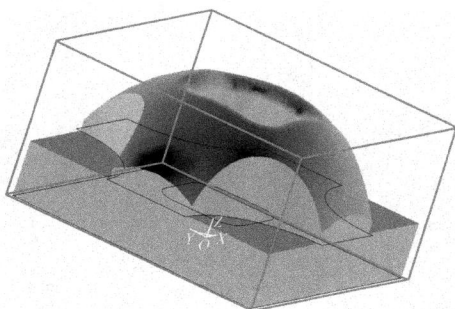

图 5.35　毛坯定义后结果图

也可以点击主菜单上的【加工】→【定义毛坯】，也可以选择以下方式：

① 两点方式。通过拾取毛坯的两个角点（与顺序、位置无关）来定义毛坯。

② 三点方式。通过拾取基准点，拾取定义毛坯大小的两个角点（与顺序、位置无关）来定义毛坯。在此不再介绍。

4）刀具的设定方法为：双击加工管理图标 [加工管理] →双击特征树下的刀具库图标

→ [特征树图] 出现"刀具库管理"对话框如图 5.36 所示。

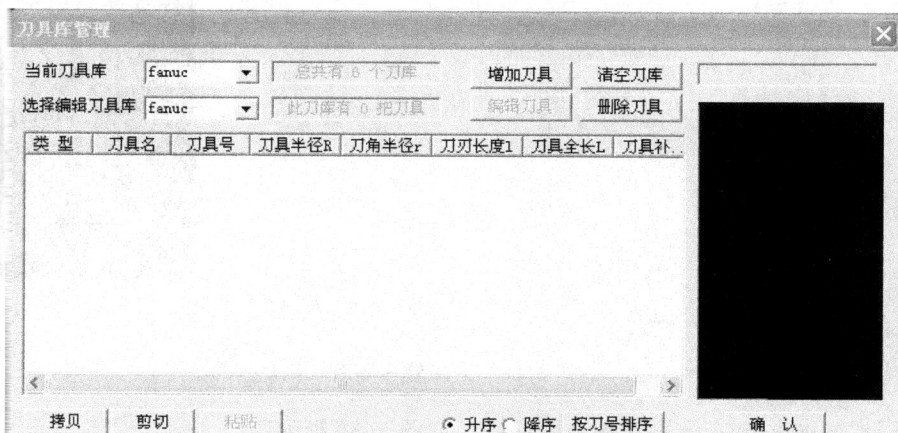

图 5.36　刀具库管理对话框

现在刀库是空的，要求建立一刀库，建立方法如下：

点击【增加刀具】→出现刀具定义对话框，把刀具的相关参数填入框内，如设置直径 16 的铣刀参数，设置如图 5.37 所示。

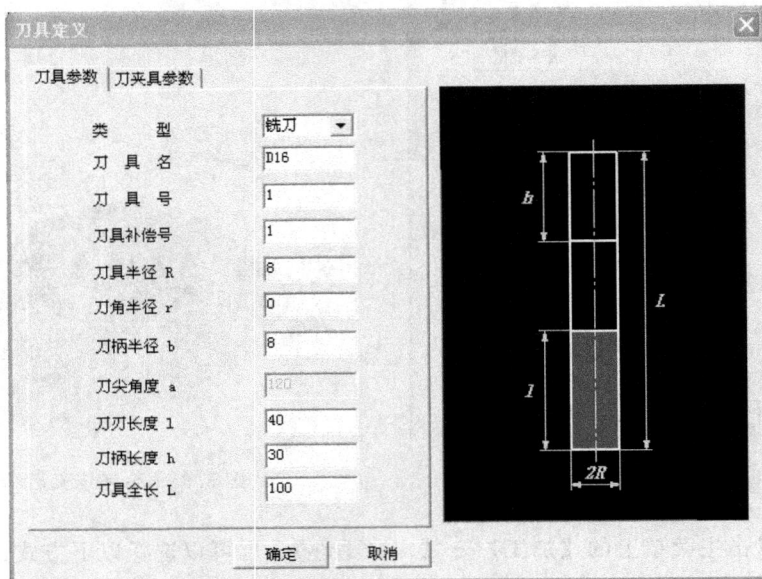

图 5.37 刀具定义界面

点击确定按钮，则设置好的刀具进入刀库，如图 5.38 所示。

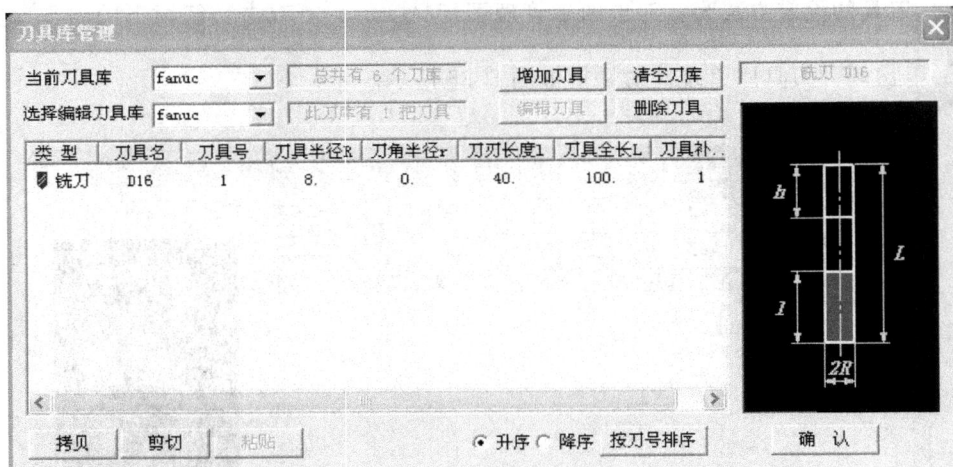

图 5.38 刀库管理界面

按同样的方法把其他的刀具给设置好，如图 5.39 所示。

5）粗加工零件的外轮廓。点击主菜单【加工】→【精加工】→【轮廓线精加工】或直接单击加工工具条上的"轮廓线精加工"图标 ◉，则弹出如图 5.40 所示，修改"加工参数"对话框中的参数，如图 5.40 所示。

图 5.39　刀库定义多把刀后界面

修改"切入切出"，如图 5.41 所示。

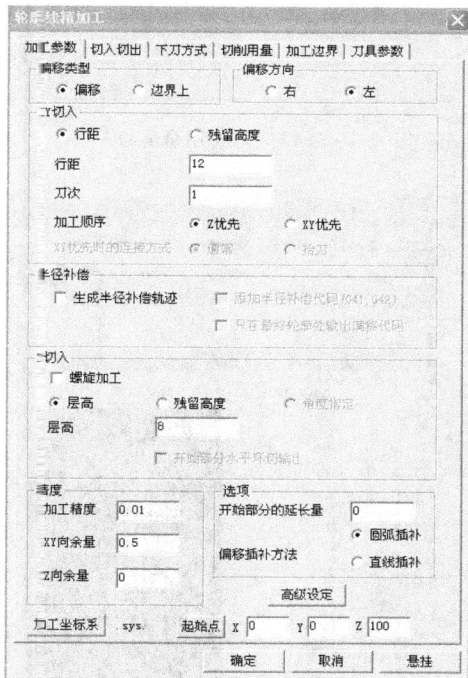

图 5.40　加工参数界面

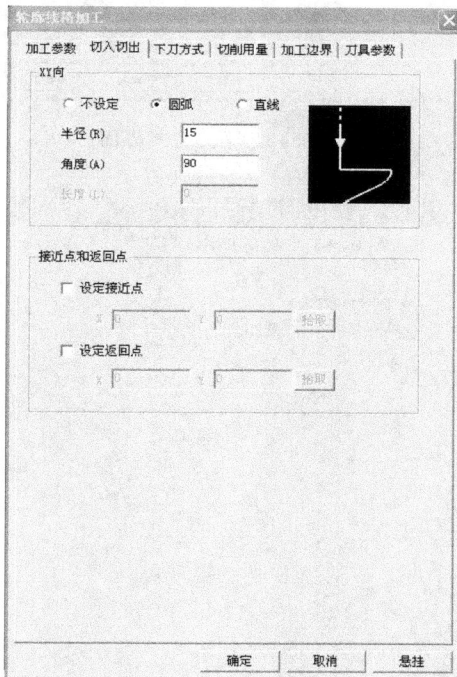

图 5.41　切入切出界出

修改"下刀方式"，如图 5.42 所示。
修改"切削用量"，如图 5.43 所示。
修改"加工边界"，如图 5.44 所示。
修改"刀具参数"。如图 5.45 所示。

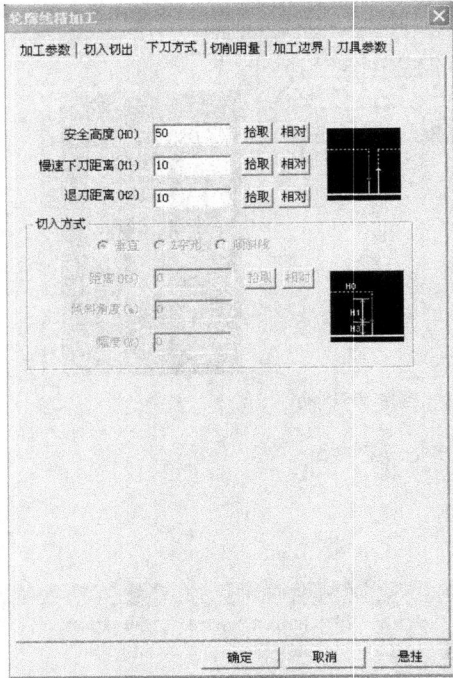

图 5.42 下刀方式界面

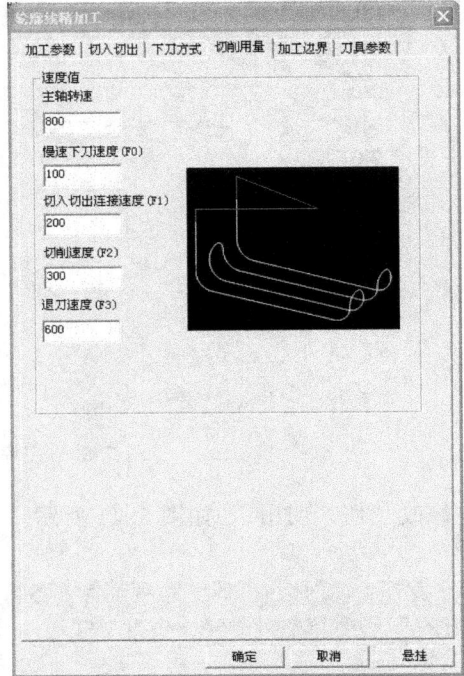

图 5.43 切削用量界面

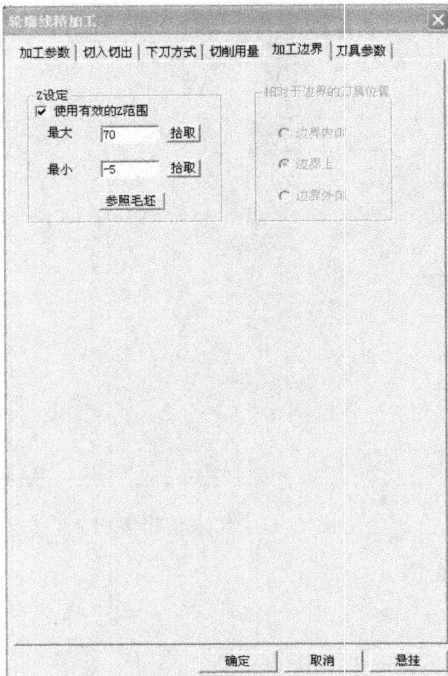

图 5.44 加工边界界面

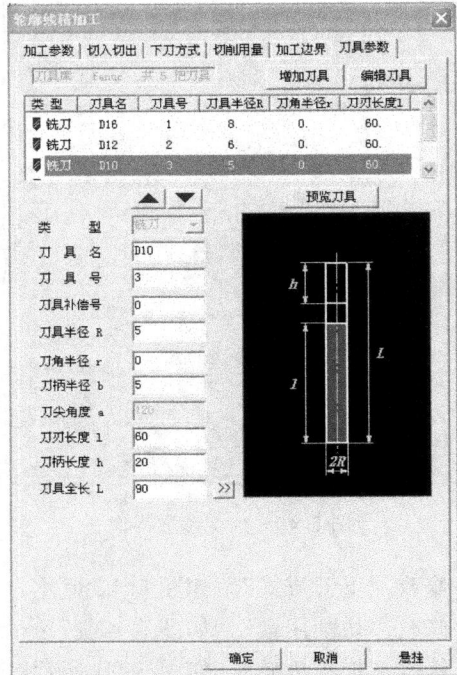

图 5.45 刀具参数界面

先点击刀库中的 D16，变成绿色后再点击下拉菜单，则一号刀被选中，如图 5.46 所示。

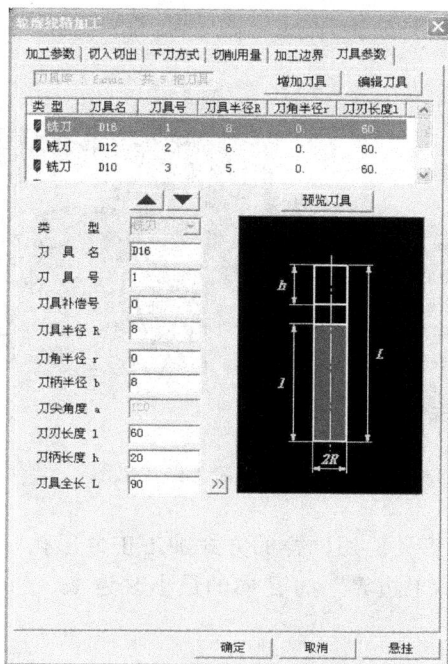

图 5.46　D16 刀具选定界面

当所有参数都设定完后则点击【确定】按钮，在"状态栏"上出现"拾取轮廓"字样，把鼠标移到工具左下角，拾取线段，如图 5.47 所示。

出现红色双箭头，点击向上箭头，点击鼠标右键，如图 5.48 所示。

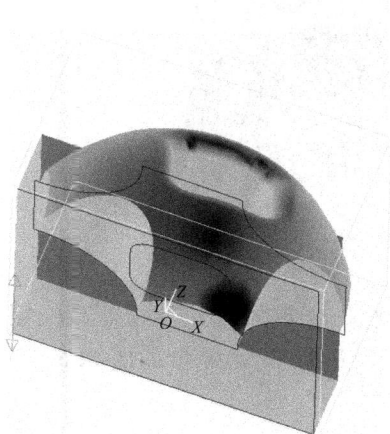

图 5.47　轮廓线拾取图

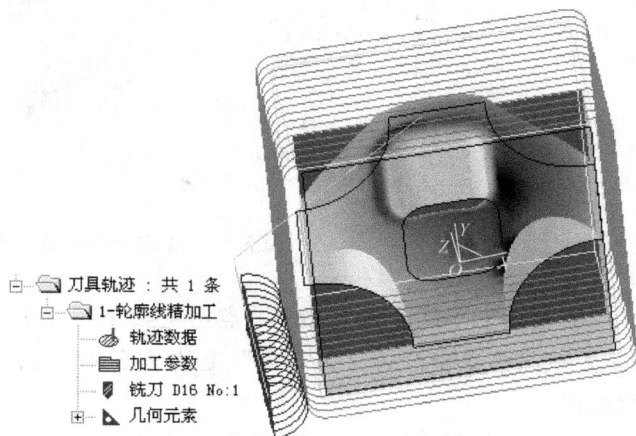

图 5.48　轮廓线精加工刀路生成图

6）粗加工零件的加工四个台阶。用同样的方式加工四个台阶，如图5.49所示，与上面的四边形不同的地方是"加工边界"的 Z 向的最小改为25。

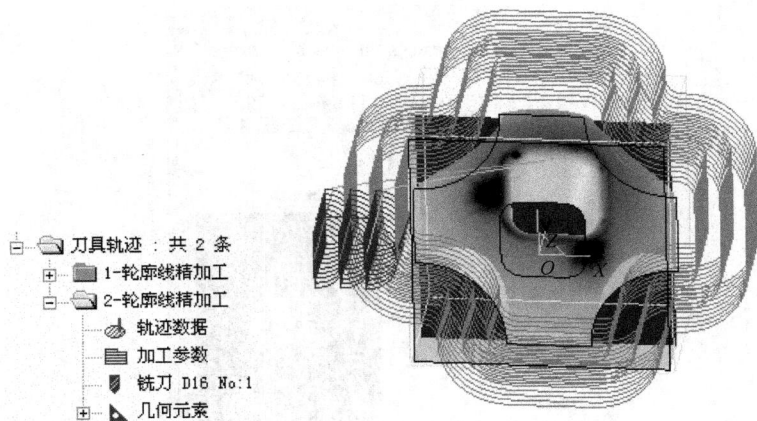

图5.49　四台阶刀路生成图

7）粗加工零件的正方形孔。用同样的方式加工正方形孔，如图5.50所示，与上面的四边形不同的地方是"加工边界"的 Z 向的最小改为15。

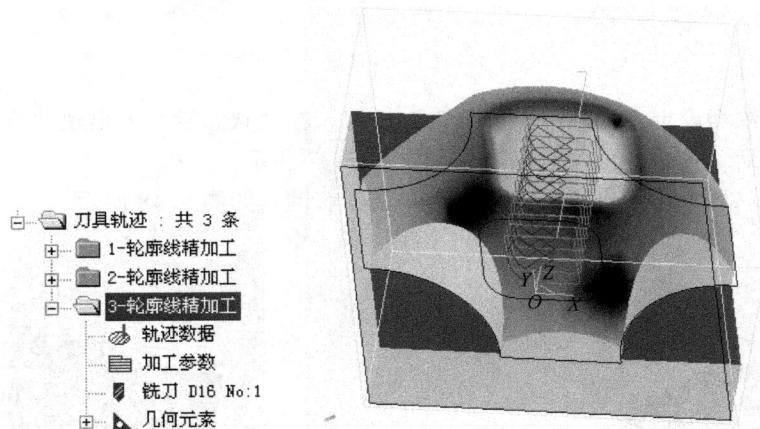

图5.50　正方开槽刀路生成图

8）粗加工零件的曲面部分。点击主菜单中【加工】→【粗加工】→【等高线粗加工】或直接单击"加工工具条"上的"等高线粗加工"图标 ，弹出如图5.51的对话框。

"加工参数2"设置如图5.52所示。

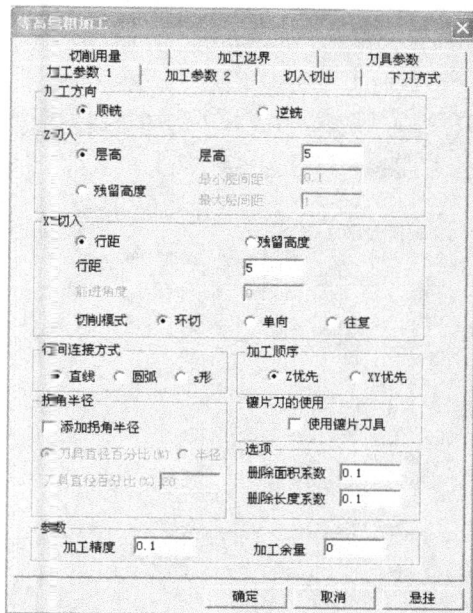

图 5.51 加工参数 1 界面

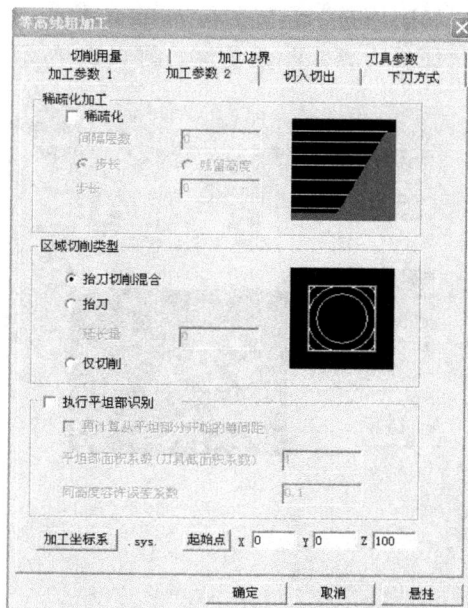

图 5.52 加工参数 2 界面

"切入切出"参数设置如图 5.53 所示。

"下刀方式"设置如图 5.54 所示。

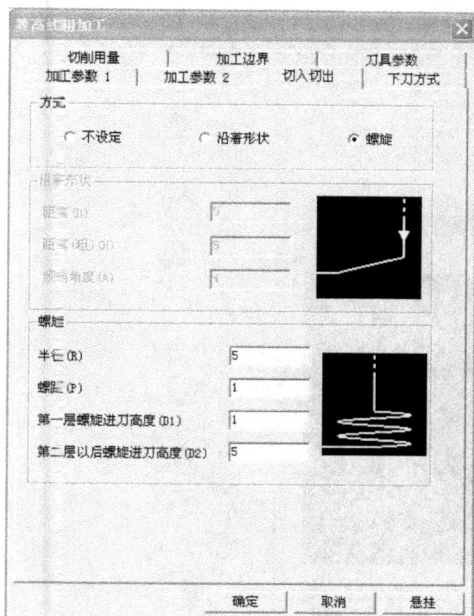

图 5.53 切入切出界面

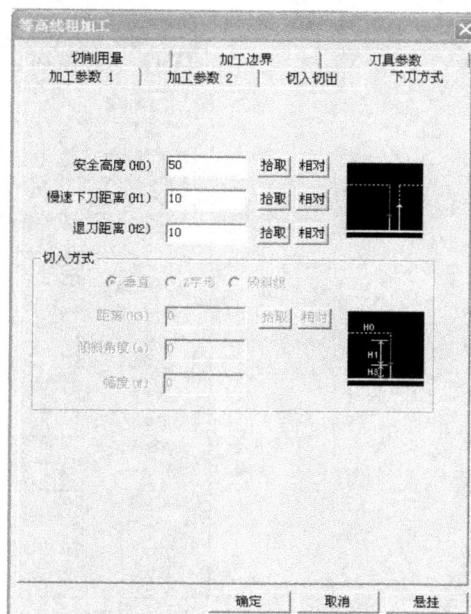

图 5.54 下刀方式界面

"切削用量"设置如图 5.55 所示。

"加工边界"参数设置如图 5.56 所示。

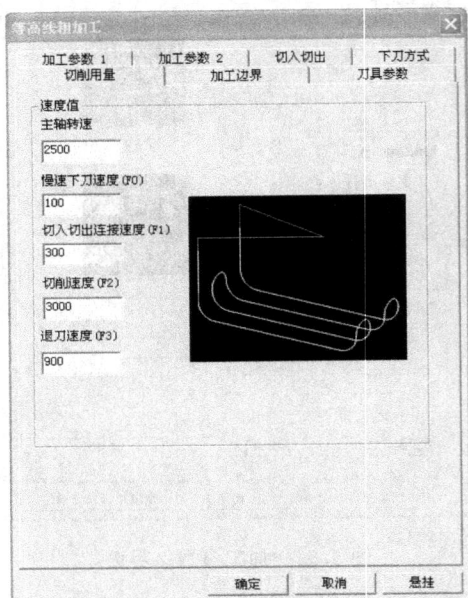

图 5.55 切削用量界面

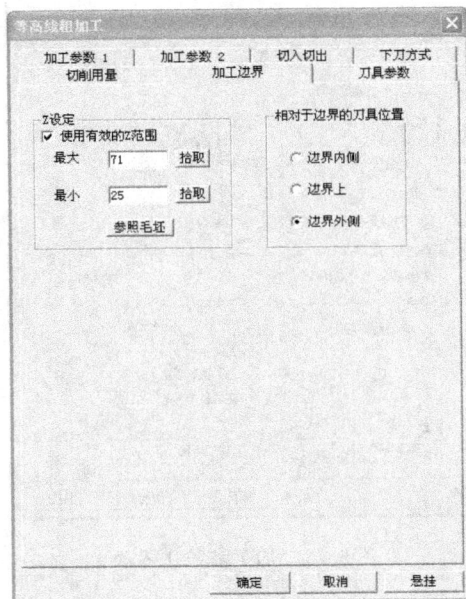

图 5.56 加工边界界面

"刀具参数"参数设置如图 5.57 所示。

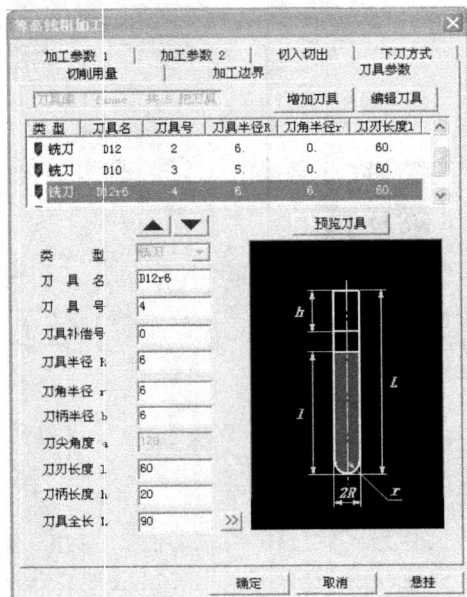

图 5.57 刀具参数界面

点击确定按钮，用鼠标点击造型体，点击鼠标右键，结果如图 5.58 所示。

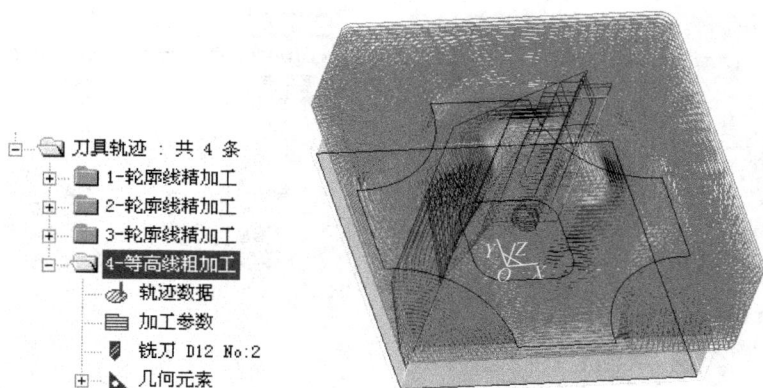

图 5.58　等高线粗加工刀路生成界面

9）精加工四边形轮廓、四台阶和正方形孔，加工方法是轮廓线精加工，把 X、Y、Z 方向的余量改为 0，结果如图 5.59 所示。

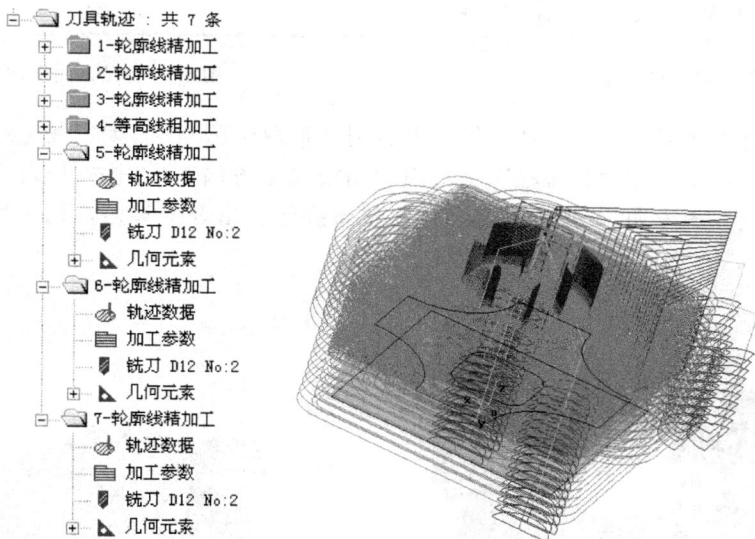

图 5.59　精加工刀路生成界面

10）曲面精加工方法——"参数线精加工"方法。点击【加工】→【精加工】→【参数线精加工】或直接单击"加工工具条"上的"参数线精加工"图标 ，弹出"加工参数"设置对话框，如图 5.60 所示。

"接近返回"设置对话框，如图 5.61 所示。

其余的"下刀方式"、"切削用量"、"刀具参数"设置方法与前面所讲类似。设置好各参数后点击"确定"按钮，在"状态栏"弹出"拾取加工对象"，则用鼠标点击要求加工的表面，如图 5.62 所示。

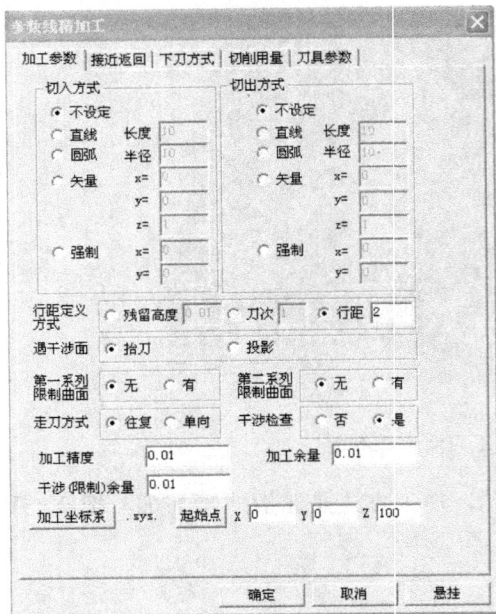

图 5.60　加工参数界面

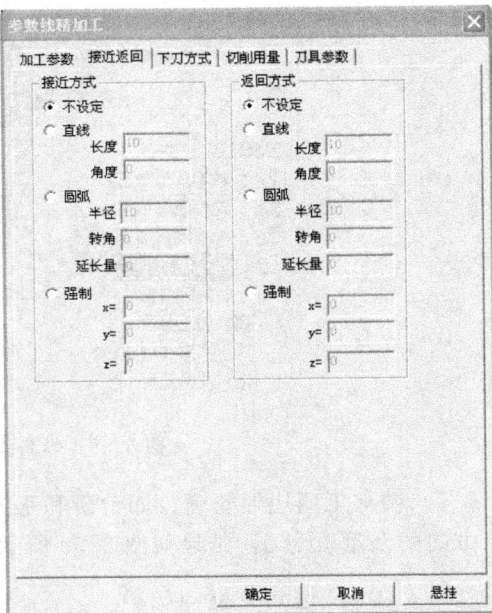

图 5.61　接近返回界面

点击鼠标右键确定，在"状态栏"上出现"拾取进刀点"，则把鼠标移到曲面上任意一点，点击左键，在"状态栏"上出现"切换加工方向"，点击右键确定，状态栏上又提示"改变曲面方向"，点击右键确定，接着提示：拾取干涉面，用鼠标点击干涉的表面，如图 5.63 所示。

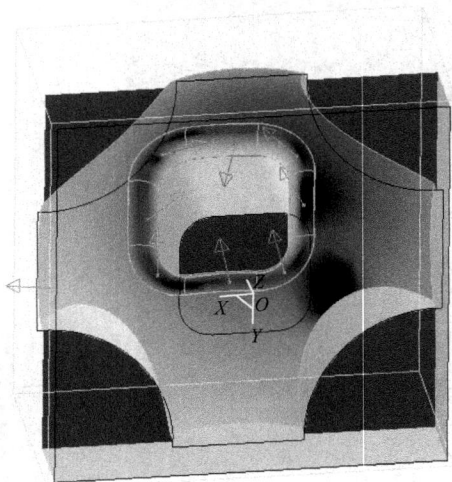

图 5.62　曲面拾取界面

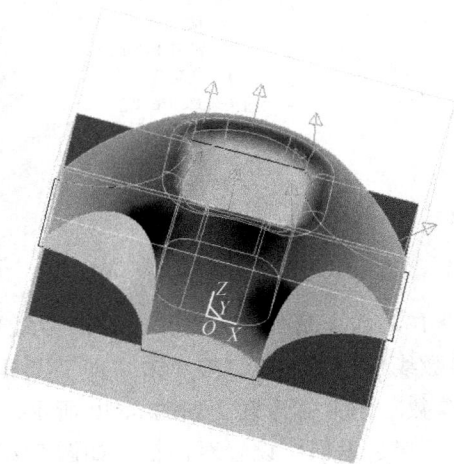

图 5.63　干涉面拾取界面

把所有轨迹选上，如图 5.64 所示。

11）轨迹仿真加工。选择所有，如图 5.65 所示。

点击鼠标右键弹出如图 5.66 所示界面。

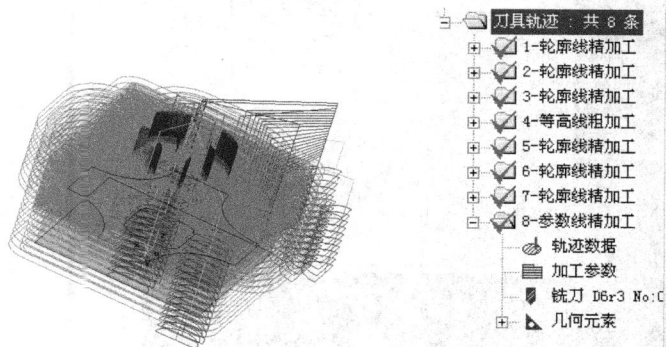

图 5.64　刀路全选界面　　　图 5.65　全选刀具轨迹图　　　图 5.66　轨迹仿真路径图

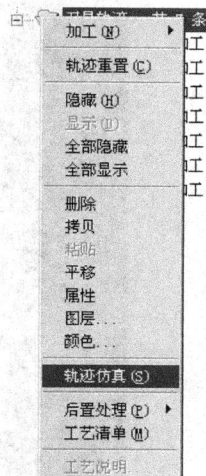

点击"轨迹仿真"，弹出如图 5.67 界面。

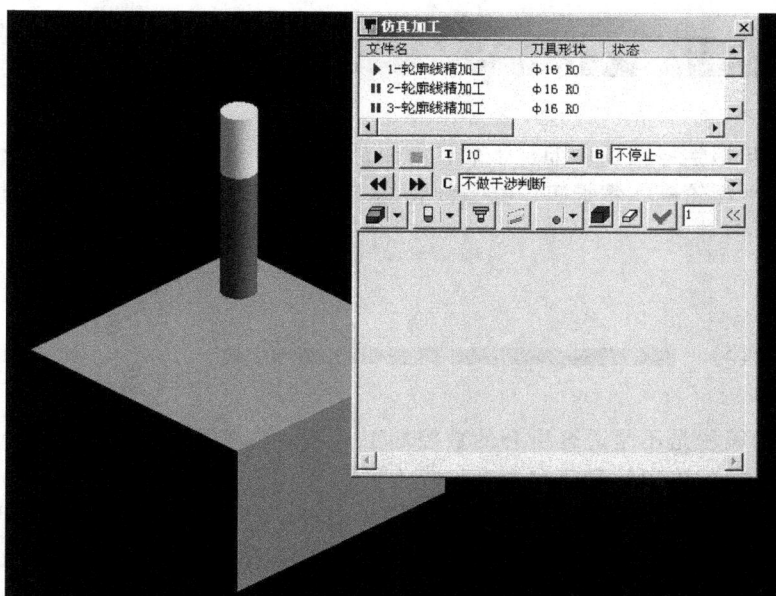

图 5.67　轨迹仿真界面

点击"黑色倒三角形"按钮 ▶ ■ I 10 ▼ ，结果如图 5.68 所示。

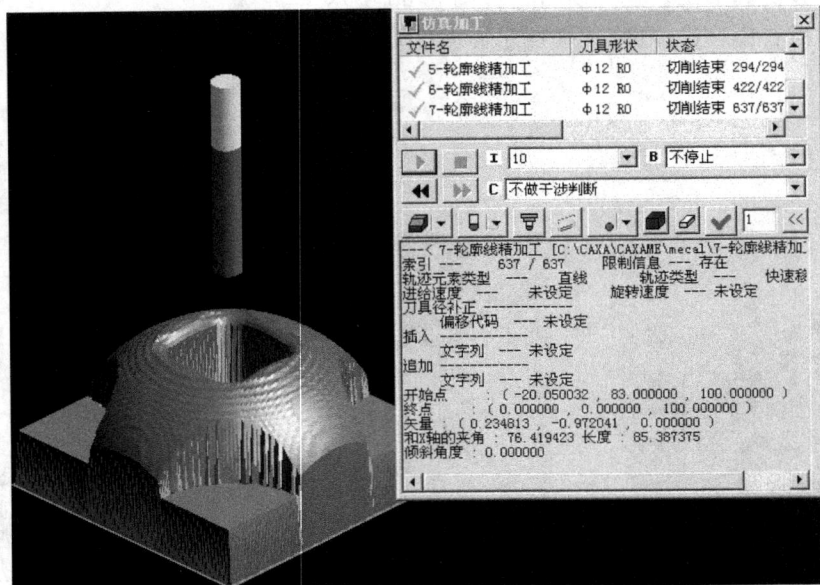

图 5.68 仿真加工结果图

根据造型中的实例进行加工，按相似的加工方法进行加工编程训练。

知识探究

相关加工知识学习与训练如：平面区域粗加工、区域式粗加工、等高线粗加工、扫描线粗加工、平面轮廓线精加工、参数线精加工、等高线精加工、扫描线精加工的加工方法与技巧。

思考与练习

5.1 自动编程是不是适合所有的数控加工？请简要说明理由。

5.2 现在普遍应用的是哪种自动编程方法？

5.3 CAD/CAM 集成数控编程操作步骤有哪些？

5.4 CAD/CAM 数控编程系统进行自动编程方式有几种？

5.5 根据所学的造型知识完成图 5.69 和图 5.70 所示零件造型。

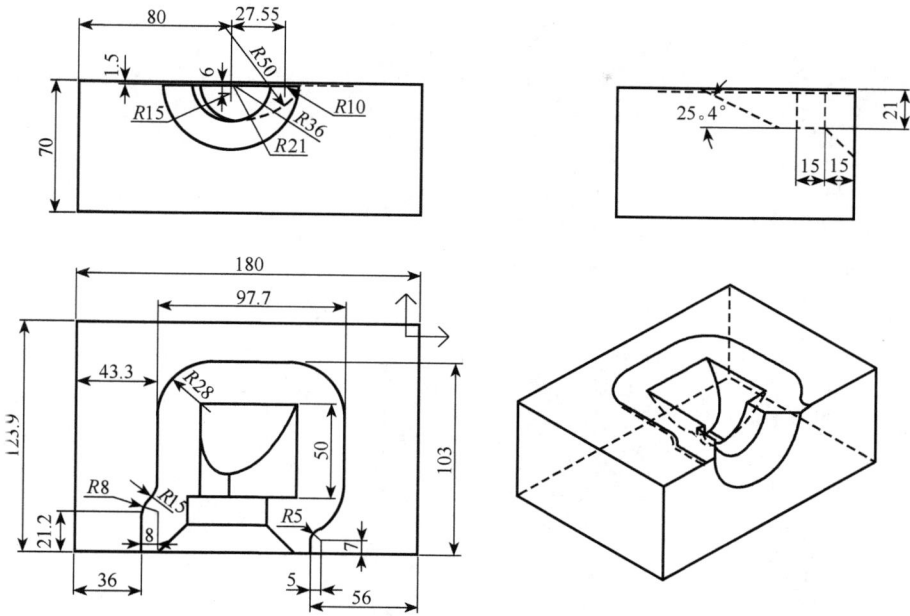

图 5.69　思考与练习 5.5 图（1）

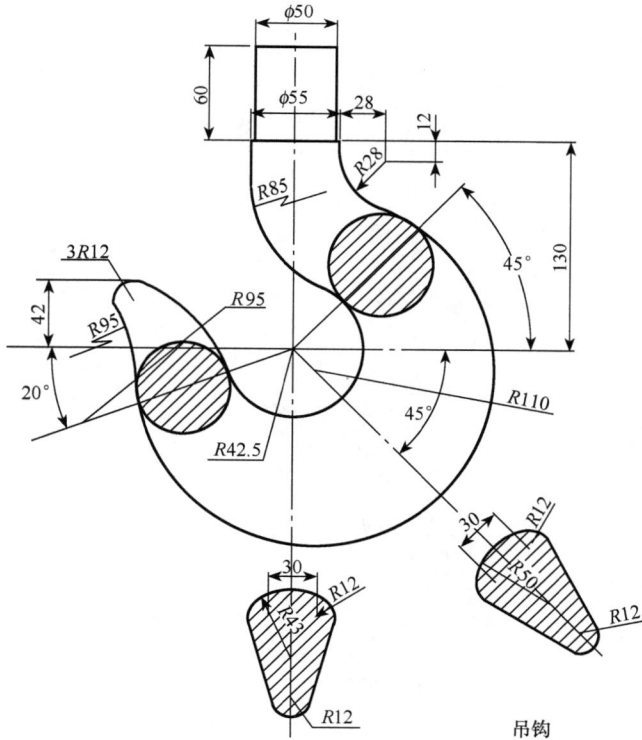

吊钩

图 5.70　思考与练习 5.5 图（2）

第二篇

实 训 篇

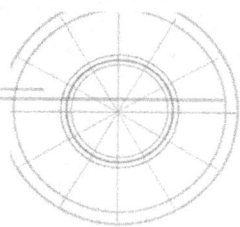

第 **6** 章

数控铣床中级工考工实训

任务1　中级工数铣模拟考件一

1. 实训地点

数控铣床实训车间。

2. 相关知识与技能点

能保证工件的尺寸精度；能保证工件的技术要求。

3. 加工零件图

仔细分析图 6.1，编写出最合理的程序，并加工出合格零件，毛坯尺寸为 55mm×55mm×30.5mm，工量具如表 6.1 所示。

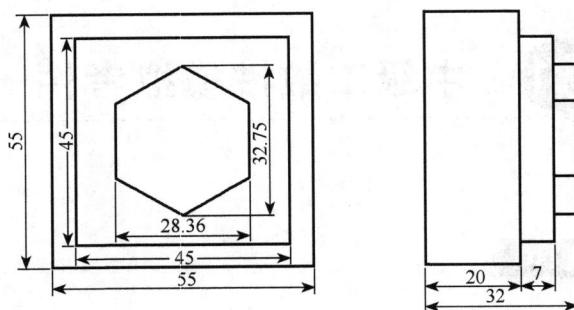

图 6.1 考件一

表 6.1 工量具准备通知单一

分　类	名　　称	尺寸规格/mm	数　量
刀具	ϕ8 立铣刀		1 把
工具	油石		1 块
	等高垫块		若干
	寻边器		1 支
量具	游标卡尺	0.02	1 把
	标准量块		1 套
	外径千分尺	0.01	1 套
	深度千分尺	0.01	1 把
其他	磁性表座		1 套
	函数计算器		1 只
	工作服		1 套
	护目镜		1 副

4. 工艺分析

1）用 ϕ8 立铣刀铣削 45mm×45mm 正方形轮廓。

2）用 ϕ8 立铣刀去除 45mm×45mm 正方形轮廓外的余量。

3㇐ 用 φ8 立铣刀铣削六角凸台轮廓。

4㇐ 用 φ8 立铣刀去除六角凸台轮廓外的余量。

5. 坐标计算

一般我们把工件坐标系坐标原点设定在工件的上表面的几何中心点上，在本例中我们将工件坐标系的坐标原点设定在六角凸台的上表面的中心上，则六角凸台上各点的坐标如图 6.2 所示。

6. 编制程序

加工 45mm×45mm 正方形轮廓程序如下：

```
O0001；
G80 G40 G69；
G90 G00 G54 X0 Y0 M03 S800；
Z50.0；
G41 G00 X-22.5 Y-35.0 D01；
Z5.0；
G01 Z-5.0 F80；
Y22.5 F150；
X22.5；
Y-22.5；
X-35.0；
Z5.0；
G40 G00 X0 Y0；
Z30.0；
M05；
M30；
```

加工六角凸台轮廓程序：

```
O0002；
G80 G40 G69；
G90 G54 G0 X0 Y0 M3 S800；
Z50.0；
G41 G00 X-14.19 Y-15.0 D01；
Z5.0；
G01 Z-3.5 F80；
Y8.19 F150；
X0 Y16.375；
```

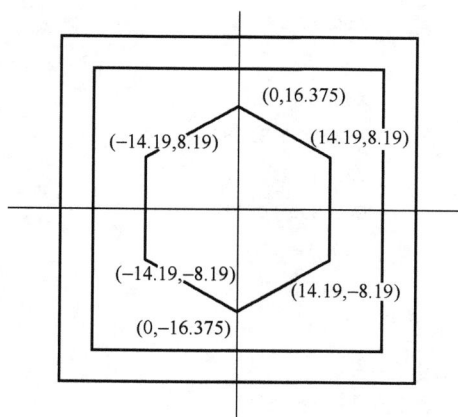

图 6.2　六角凸台上各点的坐标

```
X14.19 Y8.19;
Y-8.19;
X0 Y-16.375;
X-22.5 Y-3.385;
Z2.0;
G40 G00 X0 Y0;
Z30.0;
M05;
M30;
```

7. 零件加工

1）按照刀具和毛坯。

2）对刀。

3）设定刀补，一般加工前预留 0.5～1mm 的余量，以便控制工件尺寸精度。本例预留 0.5mm，即在刀具半径补偿栏中输入 0.5。

4）输入加工正方形轮廓程序。

5）将模式选择为 AUTO，点击循环启动。

6）加工完毕后，测量工件尺寸，并与要求尺寸比较，得出差值。

7）在刀具补偿栏中减去实际尺寸与要求尺寸的差值。

8）再次执行程序，加工工件。

9）重复 6）～8）步骤，直至工件尺寸合格为止。

10）修改程序中的 Z 坐标值，改为 -10.0，再次执行本程序。

11）重复第 10）步骤，直至工件深度尺寸达到要求为止。

12）在刀具半径补偿栏中输入（刀具半径＋0.5mm）。

13）再次执行程序，去除余量。

14）加工完成，检查工件余量是否去除完毕。

15）重复 12）～14）步骤，直至将工件余量去除完毕为止。

16）将刀具半径补偿中的数值改为 0.5。

17）输入加工六角凸台的程序。

18）将模式选择为 AUTO，点击循环启动。

19）加工完毕后，测量工件尺寸，并与要求尺寸比较，得出差值。

20）在刀具补偿栏中减去实际尺寸与要求尺寸的差值。

21）再次执行程序，加工工件。

22）重复 19）～21）步骤，直至工件尺寸合格为止。

23）在刀具半径补偿栏中输入（刀具半径＋0.5mm）。

24）再次执行程序，去除余量。

25）加工完成，检查工件余量是否去除完毕。

23）重复23）～25）步骤，直至将工件余量去除完毕为止。

27）加工完毕，卸下工件和刀具。

23）打扫卫生并关闭机床。

巩固练习

根据图 6.3 所示图形尺寸加工工件。

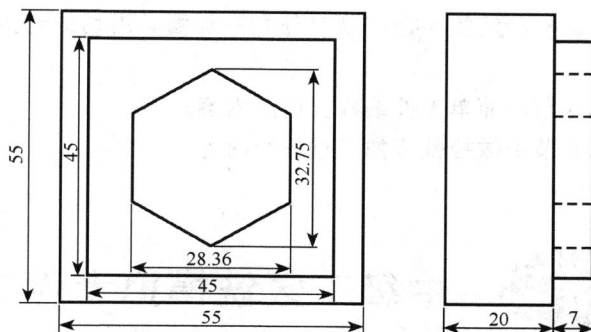

图6.3 巩固练习图一

学习检测

按表 6.2 所示项目进行自我检测。

表6.2 学习检测表一

鉴定项目及标准/mm	配 分	自 检	结 果	得 分	备 注
用试切法对刀	10				
45（2处）	25				
28.36	15				
32.75	15				
3.5	15				
7	10				
糙度检验及误差分析	10				
总结					

● 思考与练习

圆弧导入的一般用在什么地方，其优点是什么？

● 知识链接

1）圆弧导入法。按给定的半径，以四分之一圆弧，沿切线切入工件。该圆弧的半径应大于铣刀半径。

2）参考本书 2.3 节中简单工件编程实例的内容。

3）参考本书 2.5 节中数控铣床加工过程的内容。

任务2　中级工数铣模拟考件二

教学目标

1. 掌握数控铣床简单中级工件的编程和加工特点

2. 正确处理好槽类工件的加工特点

3. 准确的编写加工件的加工程序

4. 能独立进行程序调试和试运行

安全规范

1. 穿好工作服

2. 零件加工时关好防护门

3. 加工零件时检查进给按钮是否最小位置

技能要求

1. 保证工件的尺寸精度和工件的表面光洁度
2. 正确处理工件加工顺序
3. 正确处理好加工工艺

1. 实训地点

数控铣床实训车间。

2. 相关知识与技能点

能保证工件的尺寸精度；能保证工件的技术要求。

3. 加工零件图

仔细分析图 6.4，编写出最合理的程序，并加工出合格零件，毛坯尺寸为 55mm× 55mm×30.5mm。

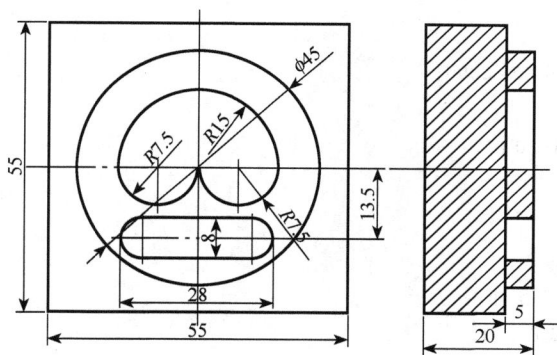

图 6.4 加工零件尺寸图二

表 6.3 工量具准备通知单二

分 类	名 称	尺寸规格/mm	数 量
刀具	$\phi 6$ 键槽铣刀		1 把
	$\phi 16$ 立铣刀		1 把
	$\phi 10$ 立铣刀		1 把
工具	油石		1 块
	等高垫块		若干
	寻边器		1 支
量具	游标卡尺	0.02	1 把
	标准量块		1 套
	外径千分尺	0.01	1 套
	深度千分尺	0.01	1 把

续表

分　类	名　称	尺寸规格/mm	数　量
其他	磁性表座		1套
	函数计算器		1只
	工作服		1套
	护目镜		1副

4. 工艺分析

1) 用 ϕ16 立铣刀铣削 ϕ45 外圆轮廓。

2) 用 ϕ16 立铣刀去除 ϕ45 外圆轮廓外的余量。

3) 用 ϕ10 立铣刀铣削 ϕ30 和 R7.5 半圆轮廓。

4) 用 ϕ10 立铣刀去除 ϕ30 和 R7.5 半圆轮廓外的余量。

5) 用 ϕ6 键槽铣刀铣削键槽轮廓。

5. 编制程序

1) 加工 ϕ45 外圆轮廓程序如下：

```
O0001；
G80 G40 G69；
G90 G00 G54 X0 Y0 M03 S800；
Z50.0；
G41 G00 X32.5 Y10.0 D01；
Z5.0
G01 Z-5.0 F80；
G03 X22.5 Y0 R10.0；
G02 X22.5 Y0 I-22.5 J0；
G03 X32.5 Y-10.0 R10.0；
G01 Z2.0；
G40 G00 X0 Y0；
Z30.0；
M05；
M30；
```

2) 加工 ϕ30 和 R7.5 半圆轮廓程序如下：

```
O0002；
G80 G40 G69；
G90 G00 G54 X0 Y0 M03 S800；
Z50.0；
G41 G00 X7.0 Y-7.0 D01；
Z5.0
```

```
G01 Z-5.0 F80；
G03 X15.0 Y0 R7.0；
G03 X-15.0 Y0 I-15.0 J0；
G03 X0 Y0 I7.5 J0；
G03 X15.0 Y0 I7.5 Y0；
G03 X7.0 Y8.0 R8.0；
G01 Z2.0；
G40 G00 X0 Y0；
Z30.0；
M05；
M30；
```

3）加工键槽轮廓程序如下：

```
O0003；
G80 G40 G69；
G90 G00 G54 X0 Y0 M03 S800；
Z50.0；
G41 G00 X-4.0 Y-13.5 D01；
Z5.0
G01 Z-5.0 F80；
G03 X0 Y-17.5 R4.0；
G01 X10.0 F120；
G03 X10.0 Y-9.5 I0 J4.0 F80；
G01 X-10.0 F120；
G03 X-10.0 Y-17.5 I0 J-4.0 F80；
G01 X0 F120；
G03 X4.0 Y-13.5 R4.0 F80；
G01 Z2.0；
G40 G00 X0 Y0；
Z30.；
M05；
M30；
```

6. 零件加工

1）按照刀具和毛坯。

2）对刀。

3）设定刀补，一般加工前预留 0.5～1mm 的余量，以便控制工件尺寸精度。本例预留 0.5mm，即在刀具半径补偿栏中输入 0.5。

4）输入加工 φ45 外圆轮廓程序。

5）将模式选择为 AUTO，点击循环启动。

6）加工完毕后，测量工件尺寸，并与要求尺寸比较，得出差值。

7）在刀具补偿栏中减去实际尺寸与要求尺寸的差值。

8）再次执行程序，加工工件。

9）重复 6）～8）步骤，直至工件尺寸合格为止。

10）在刀具半径补偿栏中输入（刀具半径＋0.5mm）。

11）再次执行程序，去除余量。

12）加工完成，检查工件余量是否去除完毕。

13）重复 10）～12）步骤，直至将工件余量去除完毕为止。

14）将刀具半径补偿中的数值改为 0.5。

15）输入加工 $\phi30$ 和 $R7.5$ 半圆轮廓程序。

16）将模式选择为 AUTO，点击循环启动。

17）加工完毕后，测量工件尺寸，并与要求尺寸比较，得出差值。

18）在刀具补偿栏中减去实际尺寸与要求尺寸的差值。

19）再次执行程序，加工工件。

20）重复 17）～19）步骤，直至工件尺寸合格为止。

21）在刀具半径补偿栏中输入（刀具半径＋0.5mm）。

22）再次执行程序，去除余量。

23）加工完成，检查工件余量是否去除完毕。

24）重复 21）～23）步骤，直至将工件余量去除完毕为止。

25）输入加工键槽轮廓程序。

26）将模式选择为 AUTO，点击循环启动。

27）加工完毕后，测量工件尺寸，并与要求尺寸比较，得出差值。

28）在刀具补偿栏中减去实际尺寸与要求尺寸的差值。

29）再次执行程序，加工工件。

30）重复 27）～29）步骤，直至工件尺寸合格为止。

31）加工完毕，卸下工件和刀具。

32）打扫卫生并关闭机床。

● 巩固练习

仔细分析图 6.5，编写出最合理的程序，并加工出合格零件。

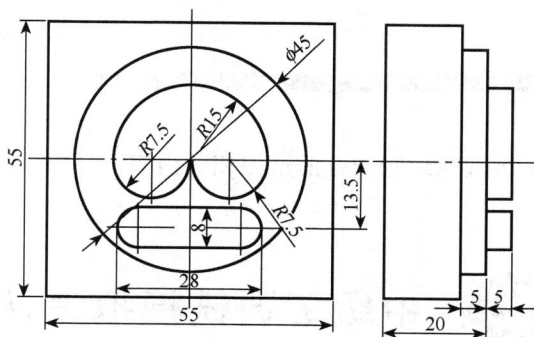

图 6.5　巩固练习图二

● 学习检测

按表 6.4 所示项目进行自我检测。

表 6.4　学习检测表二

鉴定项目及标准/mm	配　分	自　检	结　果	得　分	备　注
用试切法对刀	10				
55（2 处）	10				
28	10				
8	10				
13.5	10				
20	5				
5（两处）	5				
ϕ45	10				
R15	10				
R7.5	10				
精度检验及误差分析	10				
总结					

● 思考与练习

本工件加工的重点在什么地方？

● 知识链接

参考本书 3.2 节旋转圆弧编程指令的运用相关内容。

任务3 中级工数铣模拟考件三

教学目标

1. 掌握数控铣床简单中级工件的编程和加工特点
2. 正确处理好凸台工件的加工顺序
3. 准确的编写加工件的加工程序
4. 能独立进行程序调试和试运行

安全规范

1. 穿好工作服
2. 零件加工时关好防护门
3. 加工零件时检查进给按钮是否在最小位置

技能要求

1. 保证工件的尺寸精度和工件的表面光洁度
2. 正确处理工件加工顺序
3. 正确处理好加工工艺

1　实训地点

数控铣床实训车间。

2　相关知识与技能

能保证工件的尺寸精度；能保证工件的技术要求。

3．加工零件图

仔细分析图 6.6，编写出最合理的程序，并加工出合格零件，毛坯尺寸 55mm×55mm×30.5mm，凸件，孔、键槽、正方形深度均为5mm。

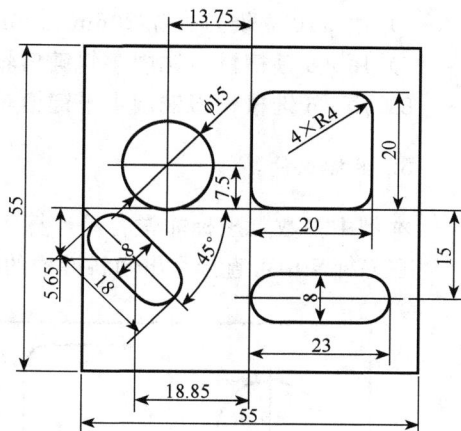

图 6.6　考件三

表 6.5　工量具准备通知单三

分类	名称	尺寸规格/mm	数量
刀具	φ6 键槽铣刀		1 把
	φ16 立铣刀		1 把
	φ10 立铣刀		1 把
工具	油石		1 块
	等高垫块		若干
	寻边器		1 支
量具	游标卡尺	0.02	1 把
	标准量块		1 套
	外径千分尺	0.01	1 套
	深度千分尺	0.01	1 把
其他	磁性表座		1 套
	函数计算器		1 只
	工作服		1 套
	护目镜		1 副

4．工艺分析

1）用 φ16 立铣刀铣削 55mm×55mm 轮廓。

2）用 φ16 立铣刀去除 55mm×55mm 轮廓外的余量。

3）用 φ10 立铣刀铣削 φ15 轮廓。

4）用 φ10 立铣刀去除 φ15 余量。

5）用 φ10 立铣刀铣削 20mm×20mm 轮廓。

6）用 $\phi 10$ 立铣刀去除 $20mm \times 20mm$ 余量。

7）用 $\phi 6$ 键槽铣刀铣削倾斜键槽轮廓。

8）用 $\phi 6$ 键槽铣刀铣削水平键槽轮廓。

5. 坐标点计算

本例中多数点坐标非常容易计算，在此仅计算倾斜键槽的交点坐标。

在坐标系中可直接写出倾斜键槽的中心线的方程为 $y = -x - 27.5$，则倾斜键槽的右上方的直线方程可写出位 $y = -x - 23.5$，由键槽中心点坐标 $(-18.85, -8.65)$ 我们可以计算倾斜键槽左上方半圆圆心坐标为 $(-22.54, -4.96)$，则半圆方程可写出为 $(x + 23.54)^2 + (y + 4.96)^2 = 16$，

联立方程得：

$$\begin{cases} y = -x - 23.5 \\ (x + 23.54)^2 + (y + 4.96)^2 = 16 \end{cases}$$

我们可以解得交点坐标为 $(-19.71, -2.14)$。同理，可以计算出其他三点的坐标，如图 6.7 所示。

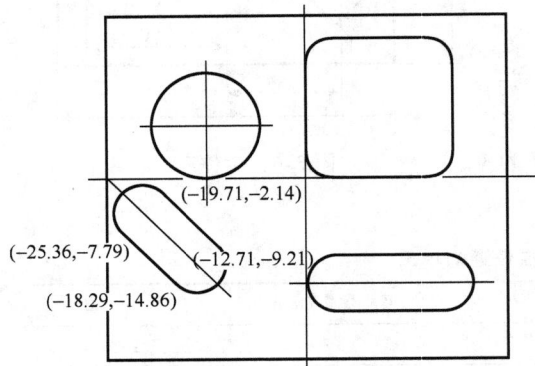

图 6.7 倾斜键槽的交点坐标

6. 编制程序

1）加工 $55mm \times 55mm$ 轮廓程序如下：

```
O0001;
G80 G40 G69;
G90 G00 G54 X0 Y0 M03 S800;
Z50.0;
G41 G00 X-27.5 Y-37.5 D01;
Z5.0;
G01 Z-5.0 F80;
X-27.5 Y27.5 F120;
X27.5;
Y-27.5;
X-37.5;
Z2.0;
G40 G00 X0 Y0;
Z30.0;
M05;
M30;
```

2）加工 $\phi15$ 轮廓程序如下：

```
O0002；
G80 G40 G69；
G90 G54 G00 X0 Y0 M03 S800；
Z50.0；
G41 G00 X-13.75 Y7.5 D01；
Z5.0
G01 Z-5.0 F80；
X-12.25 Y1.5 F120；
G03 X-6.25 Y7.5 R6.0 F80；
G03 X-6.25 Y7.5 I-7.5 Y0；
G03 X-12.25 Y13.5 R6.0；
G01 Z2.0；
G40 G00 X0 Y0；
Z30.0；
M05；
M30；
```

3）加工 20mm×20mm 轮廓程序如下：

```
O0003；
G80 G40 G69；
G90 G54 G00 X0 Y0 M03 S800；
Z50.0；
G41 G00 X4.0 Y6.0 D01；
Z5.0；
G01 Z-5.0 F80；
G03 X10.0 Y0 R6.0；
G01 X16.0 F120；
G03 X20.0 Y4.0 R4.0 F80；
G01 Y16.0 F120；
G03 X16.0 Y20.0 R4.0 F80；
G01 X4.0 F120；
G03 X0 Y16.0 R4.0 F80；
G01 Y4.0 F120；
G03 X4.0 Y0 R4.0 F80；
G01 X10.0 F120；
G03 X16.0 Y6.0 R6.0 F80；
G01 Z2.0；
G40 G00 X0 Y0；
Z30.0；
```

M05；

M30；

4) 加工键倾斜槽轮廓程序如下：

O0004；

G80 G40 G69；

G90 G54 G00 X0 Y0 M03 S800；

Z50.0；

G41 G00 X-18.29 Y-9.21 D01；

Z5.0；

G01 Z-5.0 F80；

G03 X-18.29 Y-14.86 R4.0；

G03 X-12.71 Y-9.21 R4.0；

G01 X-19.71 Y-2.14 F120；

G03 X-25.36 Y-7.79 R4.0 F80；

G01 X-18.29 Y-14.86 F120；

G03 X-14.29 Y-10.86 R4.0 F80；

G01 Z5.0；

G40 G00 X0 Y0；

Z30.0；

M05；

M30；

5) 加工键、水平槽轮廓程序如下：

O0005；

G80 G40 G69；

G90 G00 G54 X0 Y0 M03 S800；

Z5.0；

G41 G00 X15.0 Y-15 D01；

G01 Z-5.0 F80；

G03 X19.0 Y-19.0 R4.0；

G03 X19.0 Y-11.0 R4.0；

G01 X4.0 F120；

G03 X4.0 Y-19.0 R4.0 F80；

G01 X19.0 F120；

G03 X23.0 Y-15.0 R4.0 F80；

G01 Z2.0；

G40 G00 X0 Y0；

Z30.0；

M05；

M30；

7　零件加工

1）按照刀具和毛坯。

2）对刀。

3）设定刀补，一般加工前预留 0.5～1mm 的余量，以便控制工件尺寸精度。本例预留 0.5mm，即在刀具半径补偿栏中输入 0.5。

4）输入加工 55mm×55mm 轮廓程序。

5）将模式选择为 AUTO，点击循环启动。

6）加工完毕后，测量工件尺寸，并与要求尺寸比较，得出差值。

7）在刀具补偿栏中减去实际尺寸与要求尺寸的差值。

8）再次执行程序，加工工件。

9）重复 6）～8）步骤，直至工件尺寸合格为止。

10）在刀具半径补偿栏中输入（刀具半径＋0.5mm）。

11）再次执行程序，去除余量。

12）加工完成，检查工件余量是否去除完毕。

13）重复 10）～12）步骤，直至将工件余量去除完毕为止。

14）将刀具半径补偿中的数值改为 0.5

15）输入加工 $\phi15$ 轮廓程序

16）将模式选择为 AUTO，点击循环启动。

17）加工完毕后，测量工件尺寸，并与要求尺寸比较，得出差值。

18）在刀具补偿栏中减去实际尺寸与要求尺寸的差值。

19）再次执行程序，加工工件。

20）重复 17）～19）步骤，直至工件尺寸合格为止。

21）在刀具半径补偿栏中输入（刀具半径＋0.5mm）。

22）再次执行程序，去除余量。

23）加工完成，检查工件余量是否去除完毕。

24）重复 21）～23）步骤，直至将工件余量去除完毕为止。

25）输入加工 20mm×20mm 轮廓程序。

26）将模式选择为 AUTO，点击循环启动。

27）加工完毕后，测量工件尺寸，并与要求尺寸比较，得出差值。

28）在刀具补偿栏中减去实际尺寸与要求尺寸的差值。

29）再次执行程序，加工工件。

30）重复 27）～29）步骤，直至工件尺寸合格为止。

31）在刀具半径补偿栏中输入（刀具半径＋0.5mm）。

32）再次执行程序，去除余量。

33）加工完成，检查工件余量是否去除完毕。

34）重复 31）～33）步骤，直至将工件余量去除完毕为止。

35）输入加工倾斜键槽轮廓程序。

36）将模式选择为 AUTO，点击循环启动。

37）加工完毕后，测量工件尺寸，并与要求尺寸比较，得出差值。

38）在刀具补偿栏中减去实际尺寸与要求尺寸的差值。

39）再次执行程序，加工工件。

40）重复 37）～39）步骤，直至工件尺寸合格为止。

41）输入加工水平键槽轮廓程序。

42）将模式选择为 AUTO，点击循环启动。

43）加工完毕后，测量工件尺寸，并与要求尺寸比较，得出差值。

44）在刀具补偿栏中减去实际尺寸与要求尺寸的差值。

45）再次执行程序，加工工件。

46）重复 43）～45）步骤，直至工件尺寸合格为止。

47）加工完毕，卸下工件和刀具。

48）打扫卫生并关闭机床。

● 巩固训练

　　仔细分析图 6.8，编写出最合理的程序，并加工出合格零件，毛坯尺寸 55mm×55mm×30.5mm，凹件，孔、键槽、正方形深度均为 5mm。

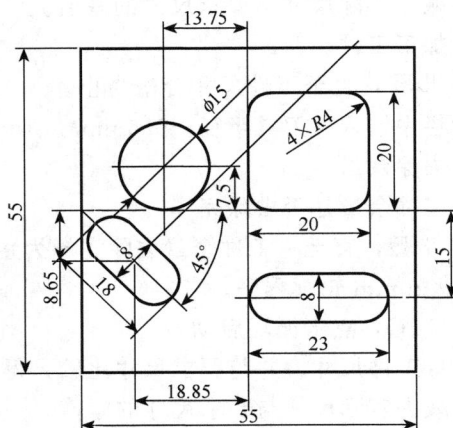

图 6.8　巩固练习图三

学习检测

按表 6.6 所示项目进行自我检测。

表 6.6　学习检测表三

鉴定项目及标准/mm	配　分	自　检	结　果	得　分	备　注
用试切法对刀	10				
55（2 处）	10				
18	5				
8.65	5				
18.85	5				
8（两处）	10				
18	5				
23	10				
20（两处）	10				
7.5	10				
$R4$（四处）	5				
$\phi15$	5				
精度检验及误差分析	10				
总结					

思考与练习

本工件加工的重点在什么地方？

知识链接

1. 参考本书 2.1 节数控铣床坐标系简介相关内容。
2. 参考本书 2.3 节简单工件编程实例相关内容。

任务4 中级工数铣模拟考件四

教学目标

1. 掌握数控铣床简单中级工件的编程和加工特点
2. 正确处理好岛屿工件的加工顺序
3. 准确的编写加工件的加工程序
4. 能独立进行程序调试和试运行

安全规范

1. 穿好工作服
2. 零件加工时关好防护门
3. 加工零件时检查进给按钮是否最小位置

技能要求

1. 保证工件的尺寸精度和工件的表面光洁度
2. 正确处理工件加工顺序
3. 正确处理好加工工艺

1. 实训地点

数控铣床实训车间。

2. 相关知识与技能点

能保证工件的尺寸精度；能保证工件的技术要求。

3. 加工零件图

仔细分析图 6.9，编写出最合理的程序，并加工出合格零件，毛坯尺寸 55mm×55mm×30.5mm。表 6.7 为工量具准备通知单。

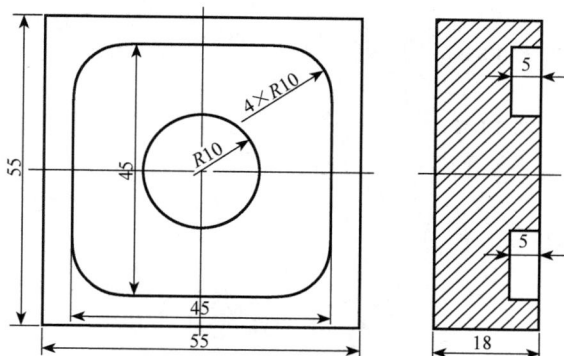

图 6.9　考件四

表 6.7　工量具准备通知单四

分　类	名　称	尺寸规格/mm	数　量
刀具	ϕ16 立铣刀		1 把
	ϕ10 立铣刀		1 把
工具	油石		1 块
	等高垫块		若干
	寻边器		1 支
量具	游标卡尺	0.02	1 把
	标准量块		1 套
	外径千分尺	0.01	1 套
	深度千分尺	0.01	1 把
其他	磁性表座		1 套
	函数计算器		1 只
	工作服		1 套
	护目镜		1 副

4. 工艺分析

1) 用 ϕ16 立铣刀铣削 55mm×55mm 轮廓。

2) 用 ϕ16 立铣刀去除 55mm×55mm 轮廓外的余量。

3) 用 ϕ10 立铣刀铣削 45mm×45mm 轮廓。

4) 用 ϕ10 立铣刀去除 45mm×45mm 余量。

5) 用 ϕ10 立铣刀铣削 R10 轮廓。

6) 用 ϕ10 立铣刀去除 R10 余量。

5. 编制程序

1) 加工 55mm×55mm 轮廓程序如下：

```
O0001；
G80 G40 G69；
G90 G00 G54 X0 Y0 M03 S800；
Z50.0；
G41 G00 X-27.5 Y-37.5 D01；
Z5.0；
G01 Z-5.0 F80；
X-27.5 Y27.5 F120；
X27.5；
Y-27.5；
X-37.5；
Z2.0；
G40 G00 X0 Y0；
Z30.0；
M05；
M30；
```

2) 加工 45mm×45mm 轮廓程序如下：

```
O0002；
G80 G40 G69；
G90 G00 G54 X0 Y0 M03 S800；
Z50.0；
G41 G00 X-6.0 Y-16.5 D01；
Z5.0；
G01 Z-5.0 F80；
G03 X0 Y-22.5 R6.0；
G01 X12.5 F120；
G03 X22.5 Y-12.5 R10.0 F80；
G01 Y12.5 F120；
G03 X12.5 Y22.5 R10.0 F80；
G01 X-12.5 F120；
G03 X-22.5 Y12.5 R10.0 F80；
G01 Y-12.5 F120；
G03 X-12.5 Y-22.5 R10.0 F80；
G01 X0 F120；
G03 X6.0 Y-16.5 R6.0 F80；
G01 Z2.0；
```

```
G40 G00 X0 Y0;
Z30.0;
M05;
M30;
```

3）加工 $R10$ 轮廓程序如下：

```
O00003;
G80 G40 G69;
G90 G00 G54 X0 Y0 M03 S800;
Z50.0;
G41 G00 X16.0 Y6.0 D01;
Z5.0;
G01 Z-5.0 F80;
G03 X10.0 Y0 R6.0;
G02 X10.0 Y0 R6.0 I-6.0 J0;
G03 X16.0 Y-6.0 R6.0;
G01 Z2.0;
G40 G00 X0 Y0;
Z30.0;
M05;
M30;
```

6．零件加工

1）按照刀具和毛坯。

2）对刀。

3）设定刀补，一般加工前预留 0.5～1mm 的余量，以便控制工件尺寸精度。本例预留 0.5mm，即在刀具半径补偿栏中输入 0.5。

4）输入加工 55mm×55mm 轮廓程序。

5）将模式选择为 AUTO，点击循环启动。

6）加工完毕后，测量工件尺寸，并与要求尺寸比较，得出差值。

7）在刀具补偿栏中减去实际尺寸与要求尺寸的差值。

8）再次执行程序，加工工件。

9）重复 6）～8）步骤，直至工件尺寸合格为止。

10）在刀具半径补偿栏中输入（刀具半径＋0.5mm）。

11）再次执行程序，去除余量。

12）加工完成，检查工件余量是否去除完毕。

13）重复 10）～12）步骤，直至将工件余量去除完毕为止。

14）将刀具半径补偿中的数值改为 0.5。

15）输入加工 45mm×45mm 轮廓程序。

16）将模式选择为 AUTO，点击循环启动。

17）加工完毕后，测量工件尺寸，并与要求尺寸比较，得出差值。

18）在刀具补偿栏中减去实际尺寸与要求尺寸的差值。

19）再次执行程序，加工工件。

20）重复 17）～19）步骤，直至工件尺寸合格为止。

21）在刀具半径补偿栏中输入（刀具半径＋0.5mm）。

22）再次执行程序，去除余量。

23）加工完成，检查工件余量是否去除完毕。

24）重复 21）～23）步骤，直至将工件余量去除完毕为止。

25）输入加工 R10 轮廓程序。

26）将模式选择为 AUTO，点击循环启动。

27）加工完毕后，测量工件尺寸，并与要求尺寸比较，得出差值。

28）在刀具补偿栏中减去实际尺寸与要求尺寸的差值。

29）再次执行程序，加工工件。

30）重复 27）～29）步骤，直至工件尺寸合格为止。

31）在刀具半径补偿栏中输入（刀具半径＋0.5mm）。

32）再次执行程序，去除余量。

33）加工完成，检查工件余量是否去除完毕。

34）重复 31）～33）步骤，直至将工件余量去除完毕为止。

35）加工完毕，卸下工件和刀具。

36）打扫卫生并关闭机床。

巩固训练

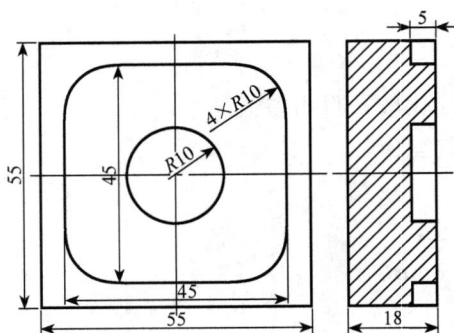

图 6.10 巩固练习图四

仔细分析图 6.10，编写出最合理的程序，并加工出合格零件，毛坯尺寸 55mm×55mm×30.5mm。

按表 6.8 所示项目进行自我检测。

表 6.8　学习检测表四

鉴定项目及标准/mm	配　分	自　检	结　果	得　分	备　注
用试切法对刀	10				
55（2处）	15				
45（两处）	15				
R10（五处）	20				
18	15				
5	15				
精度检验及误差分析	10				
总结					

● 思考与练习

本工件加工的重点在什么地方？

● 知识链接

1. 参考本书 3.2 节旋转圆弧编程指令的运用相关内容。
2. 参考本书 2.3 节简单工件编程实例相关内容。

任务5　中级工数铣模拟考件五

教学目标

1. 掌握数控铣床简单中级工件的编程和加工特点
2. 正确处理好槽类工件的加工顺序
3. 准确的编写加工件的加工程序
4. 能独立进行程序调试和试运行

安全规范

1. 穿好工作服
2. 零件加工时关好防护门
3. 加工零件时检查进给按钮是否最小位置

技能要求

1. 保证工件的尺寸精度和工件的表面光洁度
2. 正确处理工件加工顺序
3. 正确处理好加工工艺

1. 实训地点

数控铣床实训车间。

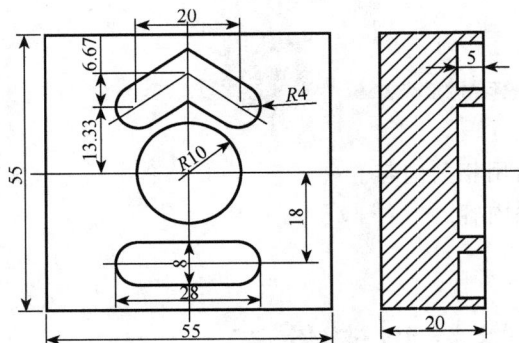

图 6.11 考件五

2. 相关知识与技能点

能保证工件的尺寸精度；能保证工件的技术要求

3. 加工零件图

仔细分析图 6.11，编写出最合理的程序，并加工出合格零件，毛坯尺寸 55mm×55mm×30.5mm。工量具按表 6.9 所示进行准备。

表 6.9　工量具准备通知单五

分　类	名　　　称	尺寸规格/mm	数　量
刀具	φ6 键槽铣刀		1 把
	φ16 立铣刀		1 把
	φ10 立铣刀		1 把
工具	油石		1 块
	等高垫块		若干
	寻边器		1 支
量具	游标卡尺	0.02	1 把
	标准量块		1 套
	外径千分尺	0.01	1 套
	深度千分尺	0.01	1 把

续表

分　类	名　　称	尺寸规格/mm	数　量
其他	磁性表座		1 套
	函数计算器		1 只
	工作服		1 套
	护目镜		1 副

4. 工艺分析

1）用 φ16 立铣刀铣削 55mm×55mm 轮廓。

2）用 φ16 立铣刀去除 55mm×55mm 轮廓外的余量。

3）用 φ10 立铣刀铣削 R10 轮廓。

4）用 φ10 立铣刀去除 R10 余量。

5）用 φ10 键槽铣刀铣削三角形键槽轮廓。

6）用 φ10 键槽铣刀铣削水平键槽轮廓。

5. 计算点的坐标

本例中多数点的坐标计算比较方便，只有三角键槽上的几个交点的坐标计算的时候比较麻烦，在此只介绍三角键槽上交点的坐标计算。

（1）倾斜键槽直线边与 Y 轴的交点坐标的计算

如图 6.12 所示，直线 $OE = 10$，直线 $DE = 6.67$。角 ABD 与角 CDE 相等，则直线

$$BD = \frac{FD}{\sin ABD} = \frac{FD}{\sin CDE} = \frac{FD}{\frac{OE}{OD}} = \frac{FD \times OD}{OE} = \frac{4 \times \sqrt{10^2 + 6.67^2}}{10} = 4.81 = DE，则 B 点坐标$$

为（0，24.81），E 点坐标为（0，15.19）。

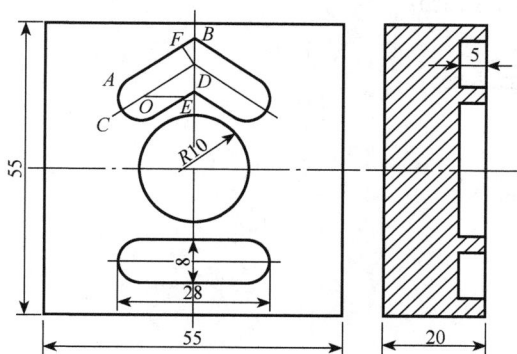

图 6.12　节点示意图

（2）三角形键槽中直线边与半圆边交点的计算

在图 6.12 中，直线 CD 的方程我们可以求出，因为直线 CD 上两点的坐标我们可

以得到，即 O 点（-10，13.33）和 D 点（0，20），则直线 CD 的直线方程为 $y=0.667x+20$，则直线 AB 的方程我们可以直接得出为 $y=0.667x+24$，圆 O 的方程我们也可以直接写出为 $(x+10)^2+(y-13.33)^2=16$，则联立方程

$$\begin{cases} y=0.667x+24 \\ (x+10)^2+(y-13.33)^2=16 \end{cases}$$

可直接解得 A 点坐标为（-12.22，16.66）。

同理，我们可以计算出其余各点的坐标如图6.13所示。

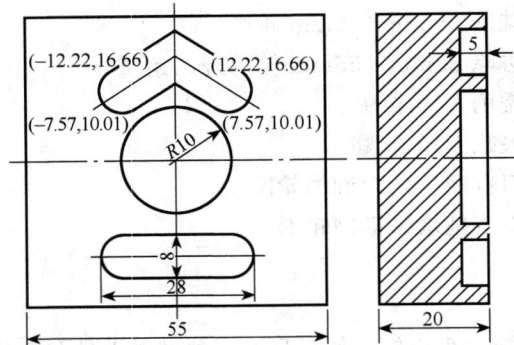

图6.13　节点坐标值图

6. 编制程序

1）加工 55mm×55mm 轮廓程序如下：

```
00001；
G80 G40 G69；
G90 G00 G54 X0 Y0 M03 S800；
Z50.0；
G41 G00 X-27.5 Y-37.5 D01；
Z5.0
G01 Z-5.0 F80；
X-27.5 Y27.5 F120；
X27.5；
Y-27.5；
X-37.5；
Z2.0；
G40 G00 X0 Y0；
Z30.0；
M05；
M30；
```

2）加工 R10 轮廓程序如下：

```
O0002;
G80 G40 G69;
G90 G00 G54 X0 Y0 M03 S800;
Z50.0;
G42 G00 X4.0 Y6.0 D01;
Z5.0
G01 Z-5.0 F80;
G02 X10.0 Y0 R6.0;
G02 X10.0 Y0 R6.0 I-6.0 J0;
G02 X4.0 Y-6.0 R6.0;
G01 Z2.0;
G40 G00 X0 Y0;
Z30.0;
M05;
M30;
```

3）加工三角形键槽轮廓程序如下：

```
O0003;
G80 G40 G69;
G90 G00 G54 X0 Y0 M03 S800;
Z50.0;
G41 G00 X13.19 Y11.81 D01;
Z5.0
G01 Z-5.0 F80;
G03 X12.22 Y16.66 R3.5;
G01 X0 Y24.81 F120;
X-12.22 Y16.66;
G03 X-7.57 Y10.01 R4.0 F80;
G01 X0 Y15.19 F120;
X7.57 Y10.01;
G03 X12.22 Y16.66 R4.0 F80;
G03 X7.37 T15.69 R3.5;
G01 Z2.0;
G40 G00 X0 Y0;
Z30.0;
M05;
M30;
```

4）加工水平键槽轮廓程序如下：

```
O0003;
```

```
G80 G40 G69;
G90 G00 G54 X0 Y0 M03 S800;
Z50.0;
G41 G00 X6.5 Y-18.5 D01;
Z5.0
G01 Z-5.0 F80;
G03 X10.0 Y-22.0 R3.5;
G03 X10.0 Y-14.0 R4.0;
G01 X-10.0 F120;
G03 X-10.0 Y-22.0 R4.0 F80;
G01 X10.0 F120;
G03 X13.5 Y-18.5 R3.5 F80;
G01 Z2.0;
G40 G00 X0 Y0;
Z30.0;
M05;
M30;
```

7. 零件加工

1) 按照刀具和毛坯。

2) 对刀。

3) 设定刀补，一般加工前预留 0.5～1mm 的余量，以便控制工件尺寸精度。本例预留 0.5mm，即在刀具半径补偿栏中输入 0.5。

4) 输入加工 55mm×55mm 轮廓程序。

5) 将模式选择为 AUTO，点击循环启动。

6) 加工完毕后，测量工件尺寸，并与要求尺寸比较，得出差值。

7) 在刀具补偿栏中减去实际尺寸与要求尺寸的差值。

8) 再次执行程序，加工工件。

9) 重复 6)～8) 步骤，直至工件尺寸合格为止。

10) 在刀具半径补偿栏中输入（刀具半径＋0.5mm）。

11) 再次执行程序，去除余量。

12) 加工完成，检查工件余量是否去除完毕。

13) 重复 10)～12) 步骤，直至将工件余量去除完毕为止。

14) 将刀具半径补偿中的数值改为 0.5。

15) 输入加工 R10 轮廓程序。

16) 将模式选择为 AUTO，点击循环启动。

17) 加工完毕后，测量工件尺寸，并与要求尺寸比较，得出差值。

18) 在刀具补偿栏中减去实际尺寸与要求尺寸的差值。

19）再次执行程序，加工工件。

20）重复 17）～19）步骤，直至工件尺寸合格为止。

21）在刀具半径补偿栏中输入（刀具半径＋0.5mm）。

22）再次执行程序，去除余量。

23）加工完成，检查工件余量是否去除完毕。

24）重复 21）～23）步骤，直至将工件余量去除完毕为止。

25）输入加工三角形键槽程序

26）将模式选择为 AUTO，点击循环启动。

27）加工完毕后，测量工件尺寸，并与要求尺寸比较，得出差值。

28）在刀具补偿栏中减去实际尺寸与要求尺寸的差值。

29）再次执行程序，加工工件。

30）重复 27）～29）步骤，直至工件尺寸合格为止。

31）输入加工水平键槽程序。

32）将模式选择为 AUTO，点击循环启动。

33）加工完毕后，测量工件尺寸，并与要求尺寸比较，得出差值。

34）在刀具补偿栏中减去实际尺寸与要求尺寸的差值。

35）再次执行程序，加工工件。

36）重复 33）～35）步骤，直至工件尺寸合格为止。

37）加工完毕，卸下工件和刀具。

38）打扫卫生并关闭机床。

● 巩固练习

仔细分析图 6.14，编写出最合理的程序，并加工出合格零件，毛坯尺寸 55mm×55mm×30.5mm。

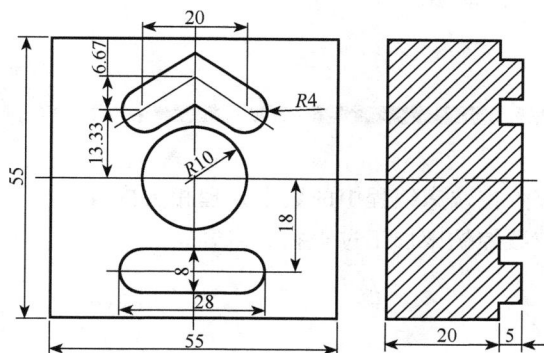

图 6.14　巩固练习图五

● 学习检测

按表 6.10 所示项目进行自我检测。

表 6.10 学习检测表六

鉴定项目及标准/mm	配 分	自 检	结 果	得 分	备 注
用试切法对刀	10				
55（2 处）	10				
8	10				
28	10				
$R10$	10				
13.33	10				
6.67	5				
$R4$	15				
20（两处）	5				
5	5				
精度检验及误差分析	10				
总结					

● 思考与练习

本工件加工的重点在什么地方？

● 知识链接

1. 参考本书 3.1 节数控铣床编程中的数学处理相关内容。

2. 参考本书 2.5 节数控铣床加工过程相关内容。

任务6　中级工数铣模拟考件六

教学目标

1. 掌握数控铣床简单中级工件的编程和加工特点
2. 正确处理好凸台工件的加工顺序
3. 准确的编写加工件的加工程序
4. 能独立进行程序调试和试运行

安全规范

1. 穿好工作服
2. 零件加工时关好防护门
3. 加工零件时检查进给按钮是否最小位置

技能要求

1. 保证工件的尺寸精度和工件的表面光洁度
2. 正确处理工件加工顺序
3. 正确处理好加工工艺

1. 实训地点

数控铣床实训车间。

2. 相关知识与技能点

能保证工件的尺寸精度；能保证工件的技术要求。

3. 加工零件图

仔细分析图 6.15，编写出最合理的程序，并加工出合格零件，毛坯尺寸 55mm×55mm×30.5mm。工量具按表 6.11 所示进行准备。

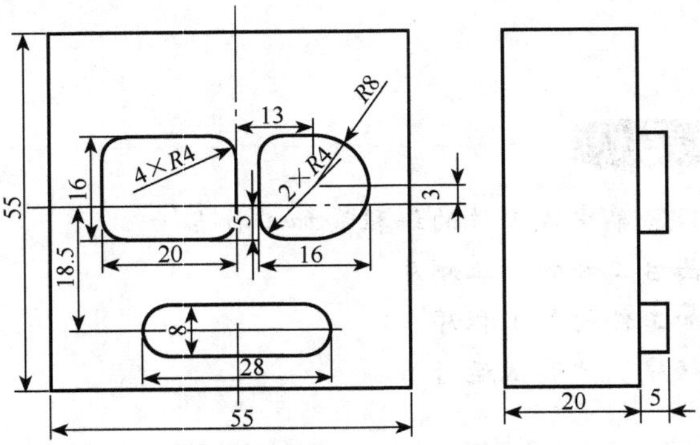

图 6.15 考件六

表 6.11 工量具准备通知单六

分 类	名 称	尺寸规格/mm	数 量
刀具	φ6 键槽铣刀		1 把
	φ16 立铣刀		1 把
	φ6 立铣刀		1 把
工具	油石		1 块
	等高垫块		若干
	寻边器		1 支
量具	游标卡尺	0.02	1 把
	标准量块		1 套
	外径千分尺	0.01	1 套
	深度千分尺	0.01	1 把
其他	磁性表座		1 套
	函数计算器		1 只
	工作服		1 套
	护目镜		1 副

4. 工艺分析

1）用 φ16 立铣刀铣削 55mm×55mm 轮廓。

2）用 φ16 立铣刀去除 55mm×55mm 轮廓外的余量。

3）用 φ6 立铣刀铣削 20mm×16mm 轮廓。

4）用 $\phi6$ 立铣刀去除 20mm×16mm 轮廓余量。

5）用 $\phi6$ 立铣刀铣削带半圆结构轮廓。

6）用 $\phi6$ 立铣刀去除带半圆结构轮廓余量。

7）用 $\phi6$ 键槽铣刀铣削水平键槽轮廓。

5. 编制程序

1）加工 55mm×55mm 轮廓程序如下：

```
O0001；
G80 G40 G69；
G90 G00 G54 X0 Y0 M03 S800；
Z50.0；
G41 G00 X-27.5 Y-37.5 D01；
Z5.0；
G01 Z-5.0 F80；
X-27.5 Y27.5 F120；
X27.5；
Y-27.5；
X-37.5；
Z2.0；
G40 G00 X0 Y0；
Z30.0；
M05；
M30；
```

2）加工 20mm×16mm 轮廓程序如下：

```
O0002；
G80 G40 G69；
G90 G00 G54 X0 Y0 M03 S800；
Z50.0；
G41 G00 X-7.5 Y-1.5 D01；
Z5.0；
G01 Z-5.0 F80；
G03 X-4.0 Y-5.0 R3.5；
G03 X0 Y-1.0 R4.0；
G01 Y7.0 F120；
G03 X-4.0 Y11.0 R4.0 F80；
G01 X-16.0 F120；
G03 X-20.0 Y7.0 R4.0 F80；
G01 Y-1.0 F120；
```

```
G03 X-16.0 Y-5.0 R4.0 F80；
G01 X-4.0 F120；
G03 X-0.5 Y-1.5 R3.5 F80；
G01 Z2.0；
G40 G00 X0 Y0；
Z30.0；
M05；
M30；
```

3）加工带半圆结构轮廓程序如下：

```
O00003；
G80 G40 G69；
G90 G00 G54 X0 Y0 M03 S800；
Z50.0；
G41 G00 X9.5 Y-1.5 D01；
Z5.0；
G01 Z-5.0 F80；
G03 X13.0 Y-5.0 R3.5；
G03 X13.0 Y11.0 R8.0；
G01 X9.0 F120；
G03 X5.0 Y7.0 R4.0 F80；
G01 Y-1.0 F120；
G03 X9.0 Y-5.0 R4.0 F80；
G01 X13.0 F120；
G03 X16.5 Y-1.5 R3.5 F80；
G01 Z2.0；
G40 G00 X0 Y0；
Z30.0；
M05；
M30；
```

4）加工水平键槽轮廓程序如下：

```
O00004；
G80 G40 G69；
G90 G00 G54 X0 Y0 M03 S800；
Z50.0；
G41 G00 X6.5 Y-19.0 D01；
Z5.0；
G01 Z-5.0 F80；
G03 X10.0 Y-22.5 R3.5；
```

```
G03 X10.0 Y-14.5 R4.0；
G01 X-10.0 F120；
G03 X-10.0 Y-22.5 R4.0 F80；
G01 X10.0 F120；
G03 X13.5 Y-19.0 R3.5 F80；
G01 Z2.0；
G40 G00 X0 Y0；
Z30.0；
M05；
M30；
```

6. 零件加工

1) 按照刀具和毛坯。

2) 对刀。

3) 设定刀补，一般加工前预留 0.5～1mm 的余量，以便控制工件尺寸精度。本例预留 0.5mm，即在刀具半径补偿栏中输入 0.5。

4) 输入加工 55mm×55mm 轮廓程序。

5) 将模式选择为 AUTO，点击循环启动。

6) 加工完毕后，测量工件尺寸，并与要求尺寸比较，得出差值。

7) 在刀具补偿栏中减去实际尺寸与要求尺寸的差值。

8) 再次执行程序，加工工件。

9) 重复 6)～8) 步骤，直至工件尺寸合格为止。

10) 在刀具半径补偿栏中输入（刀具半径＋0.5mm）。

11) 再次执行程序，去除余量。

12) 加工完成，检查工件余量是否去除完毕。

13) 重复 10)～12) 步骤，直至将工件余量去除完毕为止。

14) 将刀具半径补偿中的数值改为 0.5。

15) 输入加工 20mm×16mm 轮廓程序。

16) 将模式选择为 AUTO，点击循环启动。

17) 加工完毕后，测量工件尺寸，并与要求尺寸比较，得出差值。

18) 在刀具补偿栏中减去实际尺寸与要求尺寸的差值。

19) 再次执行程序，加工工件。

20) 重复 17)～19) 步骤，直至工件尺寸合格为止。

21) 在刀具半径补偿栏中输入（刀具半径＋0.5mm）。

22) 再次执行程序，去除余量。

23) 加工完成，检查工件余量是否去除完毕。

24) 重复 21)～23) 步骤，直至将工件余量去除完毕为止。

25）输入加工带半圆结构轮廓程序。

26）将模式选择为 AUTO，点击循环启动。

27）加工完毕后，测量工件尺寸，并与要求尺寸比较，得出差值。

28）在刀具补偿栏中减去实际尺寸与要求尺寸的差值。

29）再次执行程序，加工工件。

30）重复 27）～29）步骤，直至工件尺寸合格为止。

31）在刀具半径补偿栏中输入（刀具半径＋0.5mm）。

32）再次执行程序，去除余量。

33）加工完成，检查工件余量是否去除完毕。

34）重复 31）～33）步骤，直至将工件余量去除完毕为止。

35）输入加工水平键槽程序。

36）将模式选择为 AUTO，点击循环启动。

37）加工完毕后，测量工件尺寸，并与要求尺寸比较，得出差值。

38）在刀具补偿栏中减去实际尺寸与要求尺寸的差值。

39）再次执行程序，加工工件。

40）重复 37）～39）步骤，直至工件尺寸合格为止。

41）加工完毕，卸下工件和刀具。

42）打扫卫生并关闭机床。

● 巩固练习

仔细分析图 6.16，编写出最合理的程序，并加工出合格零件，毛坯尺寸 55mm×55mm×30.5mm。

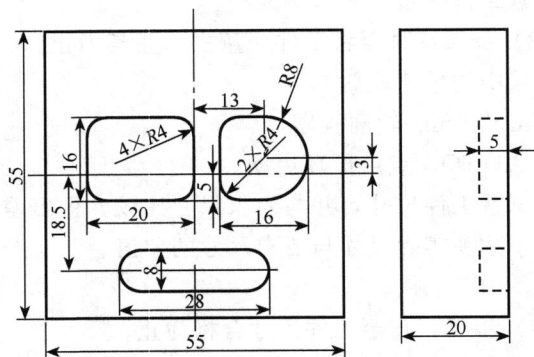

图 6.16　巩固练习图六

学习检测

按表 6.12 所示项目进行自我检测。

表 6.12　学习检测表六

鉴定项目及标准/mm	配　分	自　检	结　果	得　分	备　注
用试切法对刀	10				
55（2处）	10				
8	10				
28	10				
18.5	10				
16（两处）	10				
3	5				
13	10				
20（两处）	5				
R4（六处）	5				
5	5				
精度检验及误差分析	10				
总结					

思考与练习

本工件加工的重点在什么地方？

知识链接

1. 参考本书 2.3 节中铣削型腔、轮廓的正确入刀方法相关内容。
2. 参考本书 2.1 节数控铣床坐标系简介相关内容。

任务7　中级工数铣模拟考件七

教学目标

1. 掌握数控铣床中简单中级工件的编程和加工特点
2. 正确处理好节点计算方法
3. 准确的编写加工件的加工程序
4. 能独立进行程序调试和试运行

安全规范

1. 穿好工作服
2. 零件加工时关好防护门
3. 加工零件时检查进给按钮是否最小位置

技能要求

1. 保证工件的尺寸精度和工件的表面光洁度
2. 正确处理工件加工顺序
3. 正确处理好加工工艺

1. 实训地点

数控铣床实训车间。

2. 相关知识与技能点

能保证工件的尺寸精度；能保证工件的技术要求。

3　加工零件图

仔细分析图 6.17，编写出最合理的程序，并加工出合格零件，毛坯尺寸 $55\text{mm} \times$ $55\text{mm} \times 30.5\text{mm}$。工量具按表 6.13 所示进行准备。

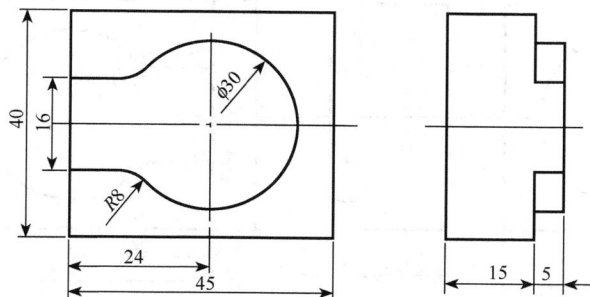

图 6.17　考件七

表 6.13　工量具准备通知单七

类　别	名　称	尺寸规格/mm	数　量
刀具	$\phi 10$ 立铣刀		1 把
工具	油石		1 块
	等高垫块		若干
	寻边器		1 支
量具	游标卡尺	0.02	1 把
	标准量块		1 套
	外径千分尺	0.01	1 套
	深度千分尺	0.01	1 把
其他	磁性表座		1 套
	函数计算器		1 只
	工作服		1 套
	护目镜		1 副

4. 工艺分析

1）用 $\phi 10$ 立铣刀铣削 $40\text{mm} \times 45\text{mm}$ 轮廓。
2）用 $\phi 10$ 立铣刀去除 $40\text{mm} \times 45\text{mm}$ 轮廓外的余量。
3）用 $\phi 10$ 立铣刀铣削凸台轮廓。
4）用 $\phi 10$ 立铣刀去除凸台轮廓余量。

5. 计算点的坐标

本例中只介绍 R8 圆弧与 R15 圆弧和直线的交点坐标的计算，如图 6.18 所示。

直线 $AE = 15 + 8 = 23$，直线 $BE = 8 + 8 = 16$，则在直角三角形 ABE 中，$AB = \sqrt{AE^2 - BE^2} = \sqrt{23^2 - 16^2} = 16.52$，所以 C 点坐标为 $(-16.52，-8)$。

又因为三角形 DEF 与三角形 BEA 相似，则 $\dfrac{DE}{BE}=\dfrac{DF}{AB}=\dfrac{EF}{EA}=\dfrac{8}{23}$，可直接计算出 F 点坐标为（-10.78，-9.81）。

因为图形上下对称，则另外两点的坐标如图 6.19 所示。

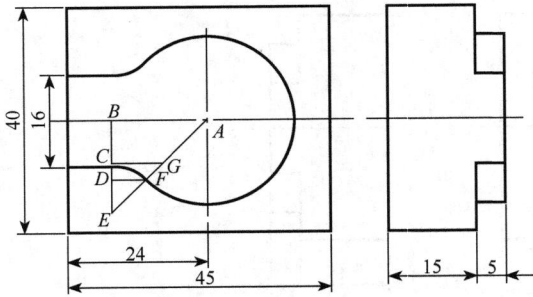

图 6.18　各交点位置图　　　　　图 6.19　坐标示意图

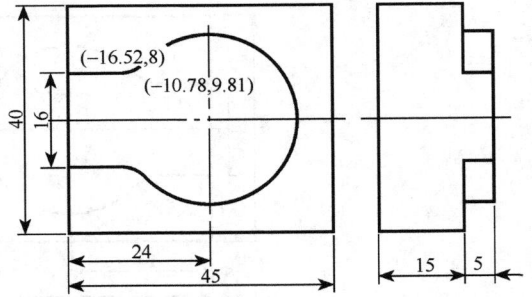

6. 编制程序

1）加工 40mm×45mm 轮廓程序如下：

```
O0001；
G40 G00 G54 G97 G94 X0 Y0；
M03 S800；
Z5.0；
G41 G00 X-22.5 Y-30.0 D01；
G01 Z-5.0 F80；
G01 Y20.0 F120；
X22.5；
Y-20.0；
X-30.0；
Z5.0；
G40 G00 X0 Y0；
Z30.0；
M05；
M30；
```

2）加工凸台轮廓程序如下：

```
O0002；
G40 G00 G54 G97 G94 X0 Y0；
M03 S800；
Z5.0；
G41 G00 X-30.0 Y8.0 D01；
```

G01 Z-5.0 F80；

G01 X-16.52 F120；

G03 X-10.78 Y9.81 R8.0 F80；

G02 X-10.78 Y-9.81 R-5.0；

G03 X-16.52 Y-8.0 R8.0；

G01 X-30.0 F120；

Z5.0；

G40 G00 X0 Y0；

Z30.0；

M05；

M30；

7. 零件加工

1）按照刀具和毛坯。

2）对刀。

3）设定刀补，一般加工前预留 0.5～1mm 的余量，以便控制工件尺寸精度。本例预留 0.5mm，即在刀具半径补偿栏中输入 0.5。

4）输入加工 40mm×45mm 轮廓程序。

5）将模式选择为 AUTO，点击循环启动。

6）加工完毕后，测量工件尺寸，并与要求尺寸比较，得出差值。

7）在刀具补偿栏中减去实际尺寸与要求尺寸的差值。

8）再次执行程序，加工工件。

9）重复 6）～8）步骤，直至工件尺寸合格为止。

10）在刀具半径补偿栏中输入（刀具半径＋0.5mm）。

11）再次执行程序，去除余量。

12）加工完成，检查工件余量是否去除完毕。

13）重复 10）～12）步骤，直至将工件余量去除完毕为止。

14）将刀具半径补偿中的数值改为 0.5。

15）输入加工凸台轮廓程序。

16）将模式选择为 AUTO，点击循环启动。

17）加工完毕后，测量工件尺寸，并与要求尺寸比较，得出差值。

18）在刀具补偿栏中减去实际尺寸与要求尺寸的差值。

19）再次执行程序，加工工件。

20）重复 17）～19）步骤，直至工件尺寸合格为止。

21）在刀具半径补偿栏中输入（刀具半径＋0.5mm）。

22）再次执行程序，去除余量。

23）加工完成，检查工件余量是否去除完毕。

24）重复 21）～23）步骤，直至将工件余量去除完毕为止。

25）加工完毕，卸下工件和刀具。

26）打扫卫生并关闭机床。

● 巩固练习

仔细分析图 6.20，编写出最合理的程序，并加工出合格零件，毛坯尺寸 55mm×55mm×30.5mm。

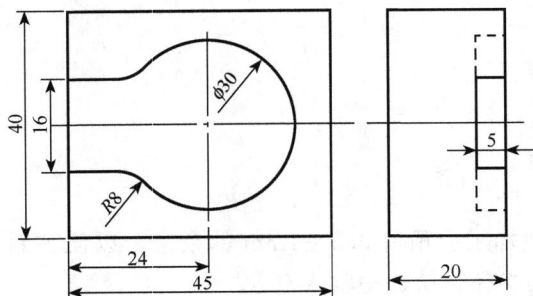

图 6.20 巩固练习图七

● 学习检测

按表 6.14 项目进行自我检测。

表 6.14 学习检测表七

鉴定项目及标准/mm	配　分	自　检	结　果	得　分	备　注
用试切法对刀	10				
40	10				
45	10				
R8	15				
φ30	15				
20	15				
5	15				
精度检验及误差分析	10				
总结					

● 思考与练习

上述两工件若要配合起来，应该注意什么？

● 知识链接

1. 参考本书 3.1 节数控铣床编程中的数学处理相关内容。
2. 参考本书 3.2 节旋转圆弧编程指令的运用相关内容。

任务8　中级工数铣模拟考件八

教学目标

1. 掌握数控铣床中简单中级工件的编程和加工特点
2. 正确处理好凸台与槽类工件的加工顺序
3. 准确的编写加工件的加工程序
4. 能独立进行程序调试和试运行

安全规范

1. 穿好工作服
2. 零件加工时关好防护门
3. 加工零件时检查进给按钮是否最小位置

技能要求

1. 保证工件的尺寸精度和工件的表面光洁度
2. 正确处理工件加工顺序
3. 正确处理好加工工艺

1. 实训地点

数控铣床实训车间。

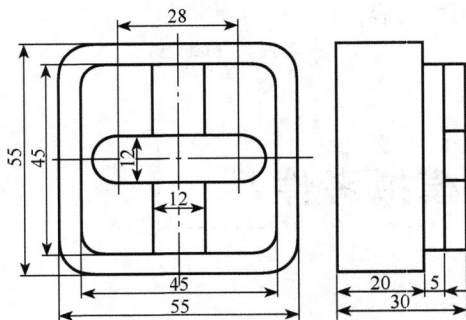

图 6.21 加工零件图八

2. 相关知识与技能点

能保证工件的尺寸精度；能保证工件的技术要求。

3. 加工零件图

仔细分析图 6.21，编写出最合理的程序，并加工出合格零件，毛坯尺寸 55mm×55mm×30.5mm。工量具按表 6.15 所示进行准备。

表 6.15　工量具准备通知单八

分　类	名　称	尺寸规格/mm	数　量
刀具	φ6 键槽铣刀		1 把
	φ10 立铣刀		1 把
工具	油石		1 块
	等高垫块		若干
	寻边器		1 支
量具	游标卡尺	0.02	1 把
	标准量块		1 套
	外径千分尺	0.01	1 套
	深度千分尺	0.01	1 把
其他	磁性表座		1 套
	函数计算器		1 只
	工作服		1 套
	护目镜		1 副

4. 工艺分析

1）用 φ10 立铣刀铣削 55mm×55mm 轮廓。

2）用 φ10 立铣刀去除 55mm×55mm 轮廓外的余量。

3） 用 ϕ10 立铣刀铣削 45mm×45mm 轮廓。

4） 用 ϕ10 立铣刀去除 45mm×45mm 轮廓外的余量。

5） 用 ϕ6 键槽铣刀铣削水平键槽。

6） 用 ϕ6 键槽铣刀铣削竖直键槽。

5. 编制程序

1） 加工 55mm×55mm 轮廓程序如下：

```
O0001；
G40 G00 G54 G97 G94 X0 Y0；
M03 S800；
Z5.0；
G41 G00 X-27.5 Y-37.5 D01；
G01 Z-5.0 F80；
X-27.5 Y27.5 F120；
X27.5；
Y-27.5；
X-37.5；
Z5.0；
G40 G00 X0 Y0；
Z30.0；
M05；
M30；
```

2） 加工 45mm×45mm 轮廓程序如下：

```
O0002；
G40 G00 G54 G97 G94 X0 Y0；
M03 S800；
Z5.0；
G41 G00 X-22.5 Y-30.0 D01；
G01 Z-5.0 F80；
Y22.5 F120；
X22.5；
Y-22.5；
X-30.0；
Z5.0；
G40 G00 X0 Y0；
Z30.0；
M05；
M30；
```

3）加工水平键槽程序如下：

```
O0003；
G40 G00 G54 G97 G94 X0 Y0；
M03 S800；
Z5.0；
G41 G00 X9.0 Y-1.0 D01；
G01 Z-5.0 F80；
G03 X14.0 Y-6.0 R5.0；
G03 X14.0 Y6.0 R6.0；
G01 X-14.0 F120；
G03 X-14.0 Y-6.0 R6.0 F80；
G01 X14.0 F120；
G03 X19.0 Y-1.0 R5.0 F80；
G01 Z5.0；
G40 G00 X0 Y0；
Z30.0；
M05；
M30；
```

4）加工竖直键槽程序如下：

```
O0004；
G40 G00 G54 G97 G94 X0 Y0；
M03 S800；
Z5.0；
G41 G00 X-6.0 Y-35.0 D01；
G01 Z-5.0 F80；
Y25.0 F120；
X6.0；
Y-35.0；
Z5.0；
G40 G00 X0 Y0；
Z30.0；
M05；
M30；
```

6. 零件加工

1）按照刀具和毛坯。

2）对刀。

3）设定刀补，一般加工前预留 0.5～1mm 的余量，以便控制工件尺寸精度。本例预留 0.5mm，即在刀具半径补偿栏中输入 0.5。

4）输入加工 55mm×55mm 轮廓程序。

5）将模式选择为 AUTO，点击循环启动。

6）加工完毕后，测量工件尺寸，并与要求尺寸比较，得出差值。

7）在刀具补偿栏中减去实际尺寸与要求尺寸的差值。

8）再次执行程序，加工工件。

9）重复 6）～8）步骤，直至工件尺寸合格为止。

10）在刀具半径补偿栏中输入（刀具半径＋0.5mm）。

11）再次执行程序，去除余量。

12）加工完成，检查工件余量是否去除完毕。

13）重复 10）～12）步骤，直至将工件余量去除完毕为止。

14）将刀具半径补偿中的数值改为 0.5。

15）输入加工 45mm×45mm 轮廓程序。

16）将模式选择为 AUTO，点击循环启动。

17）加工完毕后，测量工件尺寸，并与要求尺寸比较，得出差值。

18）在刀具补偿栏中减去实际尺寸与要求尺寸的差值。

19）再次执行程序，加工工件。

20）重复 17）～19）步骤，直至工件尺寸合格为止。

21）在刀具半径补偿栏中输入（刀具半径＋0.5mm）。

22）再次执行程序，去除余量。

23）加工完成，检查工件余量是否去除完毕。

24）重复 21）～23）步骤，直至将工件余量去除完毕为止。

25）输入加工水平键槽程序。

26）将模式选择为 AUTO，点击循环启动。

27）加工完毕后，测量工件尺寸，并与要求尺寸比较，得出差值。

28）在刀具补偿栏中减去实际尺寸与要求尺寸的差值。

29）再次执行程序，加工工件。

30）重复 27）～29）步骤，直至工件尺寸合格为止。

31）输入加工竖直键槽程序。

32）将模式选择为 AUTO，点击循环启动。

33）加工完毕后，测量工件尺寸，并与要求尺寸比较，得出差值。

34）在刀具补偿栏中减去实际尺寸与要求尺寸的差值。

35）再次执行程序，加工工件。

36）重复 33）～35）步骤，直至工件尺寸合格为止。

37）加工完毕，卸下工件和刀具。

38）打扫卫生并关闭机床。

巩固练习

仔细分析图6.22，编写出最合理的程序，并加工出合格零件，毛坯尺寸55mm×55mm×30.5mm。

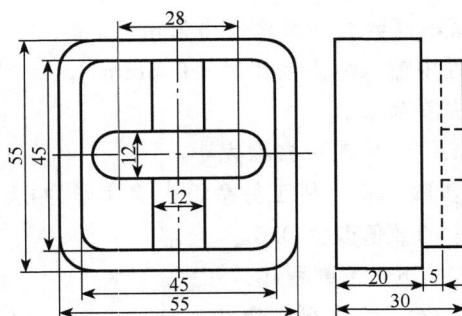

图6.22 巩固练习题八

学习检测

按表6.16所示项目进行自我检测。

表6.16 学习检测表八

鉴定项目及标准/mm	配 分	自 检	结 果	得 分	备 注
用试切法对刀	10				
55（两处）	10				
45（两处）	10				
12（两处）	15				
30	15				
20	15				
5	15				
精度检验及误差	10				
总结					

思考与练习

上述两工件若要配合起来，应该注意什么？

知识链接

1. 参考本书 1.4 节常用刀具的选择相关内容。
2. 参考本书 3.2 节旋转圆弧编程指令的用法相关内容。

任务9　中级工数铣模拟考件九

教学目标

1. 掌握数控铣床中简单中级工件的编程和加工特点
2. 正确处理好孔类工件的加工顺序不规则零件的装夹
3. 准确的编写加工件的加工程序
4. 能独立进行程序调试和试运行

安全规范

1. 穿好工作服
2. 零件加工时关好防护门
3. 加工零件时检查进给按钮是否最小位置

技能要求

1. 保证工件的尺寸精度和工件的表面光洁度
2. 正确处理工件加工顺序
3. 正确处理好加工工艺

1. 实训地点

数控铣床实训车间。

2. 相关知识与技能点

(1) 相关知识

G81 钻孔指令格式为

G81X_Y_Z_R_F_K_;

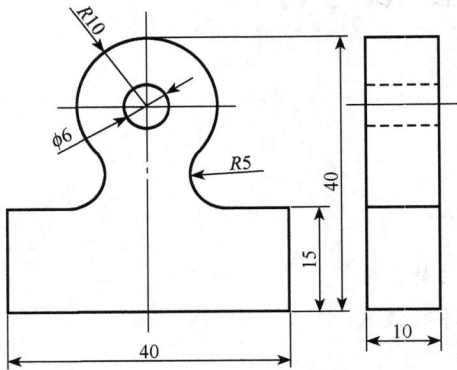

图 6.23 加工零件图九

其中，X、Y 为孔的位置数据，即孔的中心点坐标；Z 为孔的深度；R 为加工的初始位置；F 为切削的进给速度；K 为切削次数。

(2) 技能点

能保证工件的尺寸精度；能保证工件的技术要求。

3. 加工零件图

仔细分析图 6.23，编写出最合理的程序，并加工出合格零件，毛坯尺寸 55mm×55mm×30.5mm。工量具按表 6.17 所示进行准备。

表 6.17 工量具准备通知单九

分 类	名 称	尺寸规格/mm	数 量
刀具	φ6 麻花钻		1 把
	φ6 立铣刀		1 把
工具	油石		1 块
	等高垫块		若干
	寻边器		1 支
量具	游标卡尺	0.02	1 把
	标准量块		1 套
	外径千分尺	0.01	1 套
	深度千分尺	0.01	1 把
其他	磁性表座		1 套
	函数计算器		1 只
	工作服		1 套
	护目镜		1 副

4. 工艺分析

1) 用 φ6 立铣刀铣削工件轮廓。

2）用 $\phi6$ 立铣刀去除工件轮廓外的余量。

3）用 $\phi6$ 麻花钻钻孔。

4）用 $\phi6$ 立铣刀去除 $\phi10$ 孔的余量。

5. 计算点的坐标

本例只介绍 $R5$ 圆弧与 $R10$ 圆弧和直线的交点坐标的计算方法，如图 6.24 所示。

在图 6.24 中，$AF=AB=EO=5$，$BC=10$，$CO=15$，则 $CE=10$。在三角形 ACE 中，$AE=\sqrt{AC^2-CE^2}=\sqrt{15^2-10^2}=11.18$，则 F 点坐标为（11.18，0）。

又因为三角形 BCD 和三角形 ACE 相似，则 $\dfrac{CD}{CE}=\dfrac{BD}{AE}=\dfrac{CB}{CA}=\dfrac{10}{15}$，我们可以直接计算出 $CD=6.67$，$BD=7.45$，则 B 点坐标为（7.45，8.33）。

同理，其他点的坐标如图 6.25 所示。

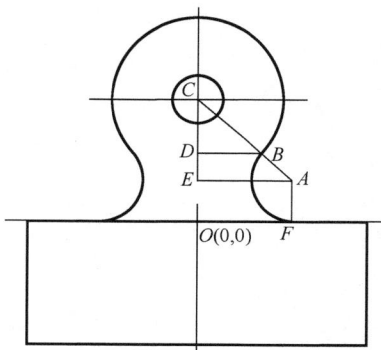

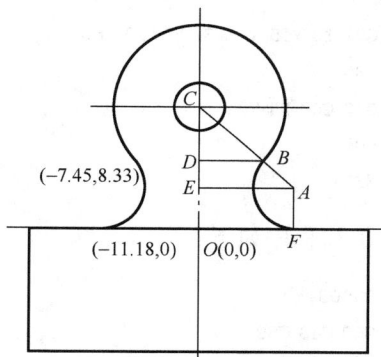

图 6.24　交点坐标图　　　　　图 6.25　其他点的坐标示意图

6. 编制程序

1）加工工件轮廓程序如下：

```
O0001;
G80 G40 G69;
G90 G00 G54 X0 Y0 M03 S800;
Z50.0;
G41 G00 X-20.0 Y-25.0 D01;
Z5.0;
G01 Z-5.0 F80;
Y0 F120;
X-11.18;
G03 X-7.45 Y8.33 R5.0 F80;
G02 X7.45 Y8.33 R-10.0;
```

```
G03 X11.18 Y0 R5.0；
G01 X20.0 F120；
Y-25.0；
Z2.0；
G40 G00 X0 Y0；
Z30.0；
M05；
M30；
```

2）钻孔程序如下：

```
O0002；
G80 G40 G69；
G90 G00 G54 X0 Y0 M03 S800；
Z50.0；
G81 X0 Y15.0 Z-3.0 R5.0 F60；
G80
G40 G00 X0 Y0；
M05；
M30；
```

3）扩孔程序如下：

```
O0003；
G80 G40 G69；
G90 G54 G00 X0 Y0 M03 S800；
Z50.0；
G81 X0 Y15.0 Z-13.0 R5.0 F60；
G80；
G40 G0 X0 Y0；
M05；
M30；
```

7. 零件加工

1）按照刀具和毛坯。

2）对刀。

3）设定刀补，一般加工前预留 0.5～1mm 的余量，以便控制工件尺寸精度。本例预留 0.5mm，即在刀具半径补偿栏中输入 0.5。

4）输入加工工件轮廓程序。

5）将模式选择为 AUTO，点击循环启动。

6）加工完毕后，测量工件尺寸，并与要求尺寸比较，得出差值。

7）在刀具补偿栏中减去实际尺寸与要求尺寸的差值。

8）再次执行程序，加工工件。

9）重复 6）～8）步骤，直至工件尺寸合格为止。

10）在刀具半径补偿栏中输入（刀具半径＋0.5mm）。

11）再次执行程序，去除余量。

12）加工完成，检查工件余量是否去除完毕。

13）重复 10）～12）步骤，直至将工件余量去除完毕为止。

14）输入加工钻孔程序。

15）将模式选择为 AUTO，点击循环启动。

16）加工完毕后换刀。

17）输入加工扩孔轮廓程序。

18）将模式选择为 AUTO，点击循环启动。

19）加工完毕后，测量工件尺寸，并与要求尺寸比较，得出差值。

20）在刀具补偿栏中减去实际尺寸与要求尺寸的差值。

21）再次执行程序，加工工件。

22）重复 19）～21）步骤，直至工件尺寸合格为止。

23）在刀具半径补偿栏中输入（刀具半径＋0.5mm）。

24）再次执行程序，去除余量。

25）加工完成，检查工件余量是否去除完毕。

26）重复 23）～25）步骤，直至将工件余量去除完毕为止。

27）加工完毕，卸下工件和刀具。

28）打扫卫生并关闭机床。

● 巩固练习

仔细分析图 6.26，编写出最合理的程序，并加工出合格零件，毛坯尺寸 55mm×55mm×30.5mm。

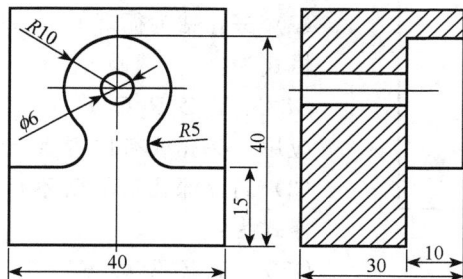

图 6.26　巩固练习图九

● 学习检测

按表 6.18 所示项目进行自我检测。

表 6.18 学习检测表九

鉴定项目及标准/mm	配 分	自 检	结 果	得 分	备 注
用试切法对刀	10				
40（两处）	10				
15	10				
10	10				
30	10				
$R5$	15				
$R10$	15				
$\phi6$	10				
精度检验及误差分析	10				
总结					

知识探究

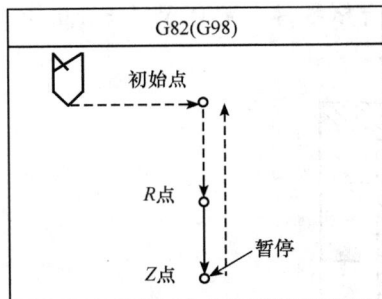

图 6.27 锪孔循环图

（1）锪孔循环 G82（图 6.27）

格式为：

G82X_Y_Z_R_P_F_

应用：有表面质量要求的孔。

（2）深孔钻削循环 G83（图 6.28）

格式为：

G83X_Y_Z_R_Q_F_

应用：深孔或有位置要求的孔。

（3）高速深孔钻削循环 G73（图 6.29）

格式为：

G73X_Y_Z_R_Q_F_

应用：扩孔。

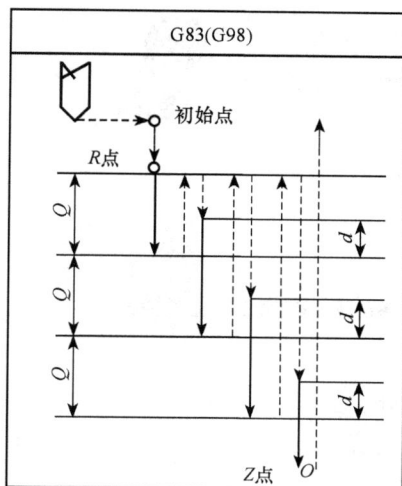

图 6.28　深孔钻削循环

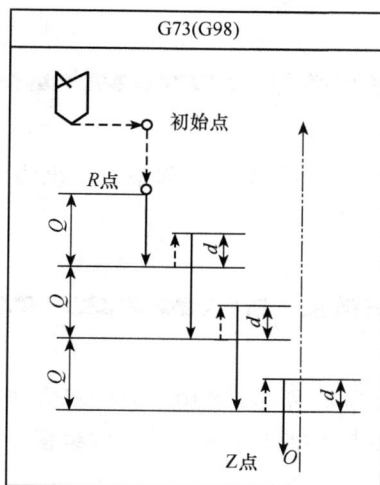

图 6.29　高速深孔钻削循环

（4）攻丝循环 G84（图 6.30）

格式为：

G84X_Y_Z_R_P_F_L_

应用：右旋螺纹的加工。

（5）左螺纹攻丝循环 G74（图 6.31）

格式为：

G74X_Y_Z_R_P_F_L_

应用：左旋螺纹的加工。

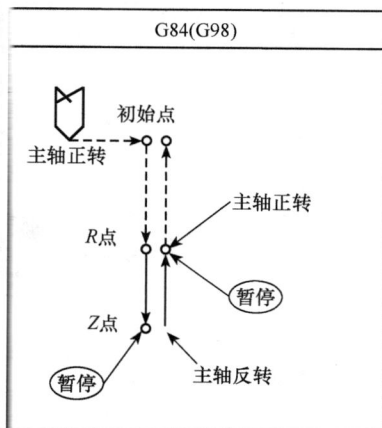

图 6.30　攻丝循环

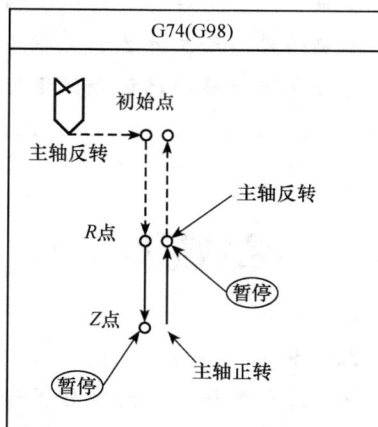

图 6.31　左螺纹攻丝循环

● 思考与练习

上述两工件若要配合起来，应该注意什么？

● 知识链接

1. 参考本书 3.1 节中节点计算方法相关内容。
2. 参考本书 2.3 节简单工件编程实例相关内容。

任务10 中级工数铣模拟考件十

教学目标

1. 掌握数控铣床中较复杂中级工件的编程和加工特点
2. 正确处理好台阶工件的加工顺序
3. 准确的编写加工件的加工程序
4. 能独立进行程序调试和试运行

安全规范

1. 穿好工作服
2. 零件加工时关好防护门
3. 加工零件时检查进给按钮是否最小位置

技能要求

1. 保证工件的尺寸精度和工件的表面光洁度
2. 正确处理工件加工顺序
3. 正确处理好加工工艺

1. 实训地点

数控铣床实训车间。

2. 相关知识与技能点

能保证工件的尺寸精度；能保证工件的技术要求。

3. 加工零件图

仔细分析图 6.32，编写出最合理的程序，并加工出合格零件，毛坯尺寸 55mm×55mm×30.5mm。工量具按表 6.19 所示进行准备。

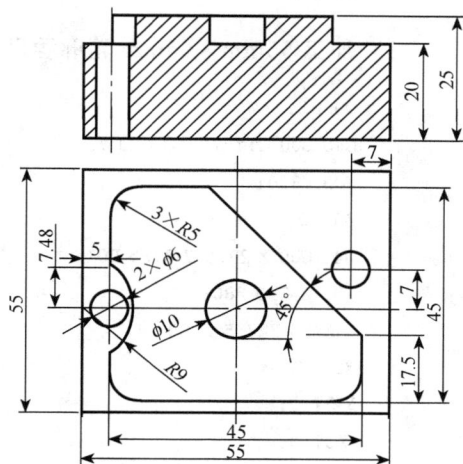

图 6.32　加工零件图十

表 6.19　工量具准备通知单十

分　类	名　称	尺寸规格/mm	数　量
刀具	ϕ6 麻花钻		1 把
	ϕ6 立铣刀		1 把
工具	油石		1 块
	等高垫块		若干
	寻边器		1 支
量具	游标卡尺	0.02	1 把
	标准量块		1 套
	外径千分尺	0.01	1 套
	深度千分尺	0.01	1 把
其他	磁性表座		1 套
	函数计算器		1 只
	工作服		1 套
	护目镜		1 副

4. 工艺分析

1) 用 ϕ6 立铣刀铣削 55mm×55mm 轮廓。

2) 用 ϕ6 立铣刀去除 55mm×55mm 轮廓外的余量。

3) 用 φ6 立铣刀铣削凸台轮廓。

4) 用 φ6 立铣刀去除凸台轮廓外的余量。

5) 用 φ6 立铣刀铣削 φ10 轮廓。

6) 用 φ6 立铣刀去除 φ10 轮廓外的余量。

7) 用 φ6 麻花钻钻孔。

5. 编制程序

1) 加工 55mm×55mm 轮廓程序如下：

```
O0001;
G40 G00 G54 G97 G94 X0 Y0;
M03 S800;
Z5. 0;
G41 G00 X-27. 5 Y-37. 5 D01;
G01 Z-5. 0 F80;
X-27. 5 Y27. 5 F120；
X27. 5；
Y-27. 5；
X-37. 5；
Z5. 0；
G40 G00 X0 Y0；
Z30. 0；
M05；
M30；
```

2) 加工凸台程序如下：

```
O0002;
G40 G00 G54 G97 G94 X0 Y0;
M03 S800;
Z5. 0;
G41 G00 X-22. 5 Y-30. 0 D01;
G01 Z-5. 0 F80;
G01 Y-7. 84 F120；
G03 X-22. 5 Y7. 84 R9. 0 F80；
G01 Y17. 5 F120；
G02 X-17. 5 Y22. 5 R5. 0 F80；
G01 X-4. 38 F120；
X22. 5 Y-5. 0；
Y-17. 5；
G02 X17. 5 Y-22. 5 R5. 0 F80；
```

```
G01 X-17.5 F120；
G02 X-22.5 Y-17.5 R5.0 F80；
G01 Y30.0 F120；
Z5.0；
G40 G00 X0 Y0；
Z30.0；
M05；
M30；
```

3）加工 ϕ10 轮廓程序如下：

```
O0003；
G40 G00 G54 G97 G94 X0 Y0；
M03 S800；
Z5.0；
G41 G00 X1.5 Y-3.5 D01；
G01 Z-5.0 F80；
G03 X5.0 Y0 R3.5；
G03 X5.0 Y0 R5.0；
G03 X1.5Y3.5 R3.5；
G01 Z5.0；
G40 G00 X0 Y0；
Z30.0；
M05；
M30；
```

4）加工孔的程序如下：

```
O0004；
G80 G40 G69；
G90 G54 G00 X0 Y0 M03 S800；
Z30.0；
G98 G83 X-22.5 Y0 Z-27.0 R5.0 Q3.0 F60；
X20.5 Y7.0；
G80；
Z30.0；
G00 X0 Y0；
M05；
M30；
```

6 零件加工

1）按照刀具和毛坯。

2）对刀。

3）设定刀补，一般加工前预留 0.5~1mm 的余量，以便控制工件尺寸精度。本例预留 0.5mm，即在刀具半径补偿栏中输入 0.5。

4）输入加工 55mm×55mm 轮廓程序。

5）将模式选择为 AUTO，点击循环启动。

6）加工完毕后，测量工件尺寸，并与要求尺寸比较，得出差值。

7）在刀具补偿栏中减去实际尺寸与要求尺寸的差值。

8）再次执行程序，加工工件。

9）重复 6）~8）步骤，直至工件尺寸合格为止。

10）在刀具半径补偿栏中输入（刀具半径＋0.5mm）。

11）再次执行程序，去除余量。

12）加工完成，检查工件余量是否去除完毕。

13）重复 10）~12）步骤，直至将工件余量去除完毕为止。

14）输入加工凸台轮廓程序。

15）将模式选择为 AUTO，点击循环启动。

16）加工完毕后，测量工件尺寸，并与要求尺寸比较，得出差值。

17）在刀具补偿栏中减去实际尺寸与要求尺寸的差值。

18）再次执行程序，加工工件。

19）重复 16）~18）步骤，直至工件尺寸合格为止。

20）在刀具半径补偿栏中输入（刀具半径＋0.5mm）。

21）再次执行程序，去除余量。

22）加工完成，检查工件余量是否去除完毕。

23）重复 20）~22）步骤，直至将工件余量去除完毕为止。

24）输入加工 ϕ10 轮廓程序。

25）将模式选择为 AUTO，点击循环启动。

26）加工完毕后，测量工件尺寸，并与要求尺寸比较，得出差值。

27）在刀具补偿栏中减去实际尺寸与要求尺寸的差值。

28）再次执行程序，加工工件。

29）重复 26）~28）步骤，直至工件尺寸合格为止。

30）在刀具半径补偿栏中输入（刀具半径＋0.5mm）

31）再次执行程序，去除余量。

32）加工完成，检查工件余量是否去除完毕。

33）重复 20）~22）步骤，直至将工件余量去除完毕为止。

34）输入加工钻孔程序。

35）将模式选择为 AUTO，点击循环启动。

36）加工完毕后，测量工件尺寸，并与要求尺寸比较，得出差值。

37）在刀具补偿栏中减去实际尺寸与要求尺寸的差值。

38）再次执行程序，加工工件。

39）重复 36）～38）步骤，直至工件尺寸合格为止。

40）加工完毕，卸下工件和刀具。

41）打扫卫生并关闭机床。

巩固练习

仔细分析图 6.33，编写出最合理的程序，并加工出合格零件，毛坯尺寸 55mm×55mm×30.5mm。

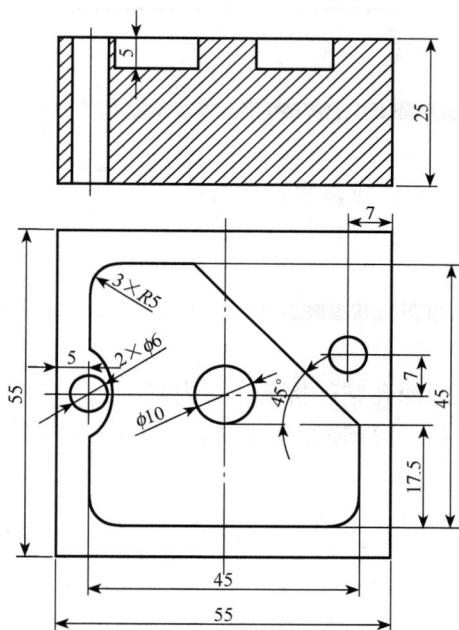

图 6.33　巩固练习图十

学习检测

按表 6.20 所示项目进行自我检测。

表 6.20　学习检测表十

鉴定项目及标准/mm	配　分	自　检	结　果	得　分	备　注
用试切法对刀	10				
55（两处）	10				

续表

鉴定项目及标准/mm	配 分	自 检	结 果	得 分	备 注
45（两处）	10				
17.5	10				
7（两处）	10				
5（两处）	10				
$R5$	10				
$\phi 10$	10				
20	10				
精度检验及误差分析	10				
总结					

● **思考与练习**

上述两工件若要配合起来，应该注意什么？

● **知识链接**

1. 参考本书任务 9 中的深孔钻削指令相关内容。

2. 参考本书 2.3 节铣削型腔的入刀方法相关内容，学会铣削型腔的正确入刀方法。

参 考 文 献

方沂. 1999. 数控机床编程与操作. 北京：国防工业出版社.

韩鸿鸾. 2006. 数控铣工加工中心操作工中级. 北京：机械工业出版社.

何平. 2005. 数控加工中心操作与编程实训教程. 北京：国防工业出版社.

劳动和社会保障部教材办公室，上海市职业培训指导中心. 2004. 数控机床操作工（中、高级）. 北京：中国劳动
社会保障出版社.

李华. 2002. 机械制造技术. 北京：机械工业出版社.

罗晓晖. 2007. Cimatron E7.1 产品设计与数控编程运用基础. 北京：清华大学出版社.

唐应谦. 2000. 数控加工工艺学. 北京：中国劳动保障出版社.

吴为. 2006. CAXA 软件应用技术——制造工程师 2004. 北京：人民邮电出版社.

徐夏民. 2004. 数控铣工实习与考级. 北京：高等教育出版社.

郑红. 2005. 数控加工编程与操作. 北京：北京大学出版社.